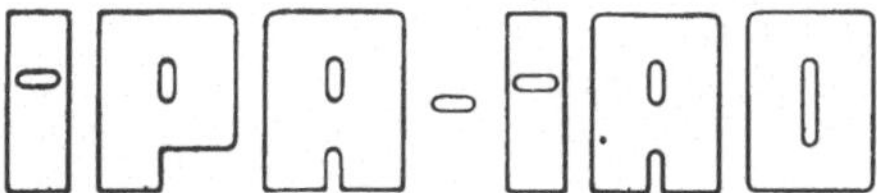

# IPA-IAO
# Forschung und Praxis

**Band 205**

Berichte aus dem
Fraunhofer-Institut für Produktionstechnik
und Automatisierung (IPA), Stuttgart,
Fraunhofer-Institut für Arbeitswirtschaft
und Organisation (IAO), Stuttgart,
Institut für Industrielle Fertigung und
Fabrikbetrieb der Universität Stuttgart und
Institut für Arbeitswissenschaft und
Technologiemanagement, Universität Stuttgart

Herausgeber: H. J. Warnecke und H.-J. Bullinger

# Hans-Jürgen Braun

# Ein unscharfes Planungsverfahren zur mittelfristigen Personalkapazitätsanpassung für die bedarfsorientierte Serienproduktion

Mit 40 Abbildungen und 10 Tabellen

Springer-Verlag
Berlin Heidelberg New York
London Paris Tokyo
Hong Kong Barcelona
Budapest 1995

Dipl.-Ing. Hans-Jürgen Braun

Fraunhofer-Institut für Produktionstechnik und Automatisierung (IPA), Stuttgart

Prof. Dr.-Ing. Dr. h. c. Dr.-Ing. E. h. H. J. Warnecke

o. Professor an der Universität Stuttgart

Fraunhofer-Institut für Produktionstechnik und Automatisierung (IPA), Stuttgart

Prof. Dr.-Ing. habil. Dr. h. c. H.-J. Bullinger

o. Professor an der Universität Stuttgart

Fraunhofer-Institut für Arbeitswirtschaft und Organisation (IAO), Stuttgart

D 93

ISBN-13: 978-3-540-58819-1     e-ISBN-13: 978-3-642-47873-4
DOI: 10.1007/ 978-3-642-47873-4



Gesamtherstellung: Copydruck GmbH, Heimsheim
SPIN 10493116     62/3020-6 5 4 3 2 1 0

Geleitwort der Herausgeber

Über den Erfolg und das Bestehen von Unternehmen in einer markt-
wirtschaftlichen Ordnung entscheidet letztendlich der Absatzmarkt.
Das bedeutet, möglichst frühzeitig absatzmarktorientierte Anforderungen sowie deren Veränderungen zu erkennen und darauf zu reagieren.

Neue Technologien und Werkstoffe ermöglichen neue Produkte und eröffnen neue Märkte. Die neuen Produktions- und Informationstechno-
logien verwandeln signifikant und nachhaltig unsere industrielle
Arbeitswelt. Politische und gesellschaftliche Veränderungen signa-
lisieren und begleiten dabei einen Wertewandel, der auch in unse-
ren Industriebetrieben deutlichen Niederschlag findet.

Die Aufgaben des Produktionsmanagements sind vielfältiger und an-
spruchsvoller geworden. Die Integration des europäischen Marktes,
die Globalisierung vieler Industrien, die zunehmende Innovations-
geschwindigkeit, die Entwicklung zur Freizeitgesellschaft und die
übergreifenden ökologischen und sozialen Probleme, zu deren Lösung
die Wirtschaft ihren Beitrag leisten muß, erfordern von den Füh-
rungskräften erweiterte Perspektiven und Antworten, die über den
Fokus traditionellen Produktionsmanagements deutlich hinausgehen.

Neue Formen der Arbeitsorganisation im indirekten und direkten
Bereich sind heute schon feste Bestandteile innovativer Unternehmen. Die Entkopplung der Arbeitszeit von der Betriebszeit, inte-
grierte Planungsansätze sowie der Aufbau dezentraler Strukturen
sind nur einige der Konzepte, die die aktuellen Entwicklungsrich-
tungen kennzeichnen. Erfreulich ist der Trend, immer mehr den Menschen in den Mittelpunkt der Arbeitsgestaltung zu stellen - die
traditionell eher technokratisch akzentuierten Ansätze weichen einer stärkeren Human- und Organisationsorientierung. Qualifizie-
rungsprogramme, Training und andere Formen der Mitarbeiterent-
wicklung gewinnen als Differenzierungsmerkmal und als Zukunftsin-
vestition in *Human Recources* an strategischer Bedeutung.

Von wissenschaftlicher Seite muß dieses Bemühen durch die Entwicklung von Methoden und Vorgehensweisen zur systematischen
Analyse und Verbesserung des Systems Produktionsbetrieb einschließlich der erforderlichen Dienstleistungsfunktionen unterstützt werden. Die Ingenieure sind hier gefordert, in enger Zusam-
menarbeit mit anderen Disziplinen, z.B. der Informatik, der Wirt-
schaftswissenschaften und der Arbeitswissenschaft, Lösungen zu er-
arbeiten, die den veränderten Randbedingungen Rechnung tragen.

Die von den Herausgebern geleiteten Institute, das

- Institut für Industrielle Fertigung und Fabrikbetrieb der
  Universität Stuttgart (IFF),

- Institut für Arbeitswissenschaft und Technologiemanagement (IAT)

- Fraunhofer-Institut für Produktionstechnik und Automatisierung
  (IPA),

- Fraunhofer-Institut für Arbeitswirtschaft und Organisation (IAO)

arbeiten in grundlegender und angewandter Forschung intensiv an
den oben aufgezeigten Entwicklungen mit. Die Ausstattung der
Labors und die Qualifikation der Mitarbeiter haben bereits in der
Vergangenheit zu Forschungsergebnissen geführt, die für die Praxis
von großem Wert waren. Zur Umsetzung gewonnener Erkenntnisse wird
die Schriftenreihe "IPA-IAO - Forschung und Praxis" herausgegeben.
Der vorliegende Band setzt diese Reihe fort. Eine Übersicht über
bisher erschienene Titel wird am Schluß dieses Buches gegeben.

Dem Verfasser sei für die geleistete Arbeit gedankt, dem Springer-
Verlag für die Aufnahme dieser Schriftenreihe in seine Angebots-
palette und der Druckerei für saubere und zügige Ausführung. Möge
das Buch von der Fachwelt gut aufgenommen werden.


                         H.J. Warnecke    H.-J. Bullinger

<u>Vorwort des Verfassers</u>

Die vorliegende Arbeit entstand während meiner Tätigkeit am Fraunhofer-Institut für Produktionstechnik und Automatisierung (IPA) in Stuttgart.

Herrn Professor Dr.-Ing. Dr. h.c. mult. H.-J. Warnecke bin ich für die wohlwollende Förderung und großzügige Unterstützung der Arbeit zu besonderem Dank verpflichtet.

Mein Dank gilt ebenfalls Herrn Professor Dr.-Ing. habil. Dr. h.c. H.-J. Bullinger für die eingehende Durchsicht der Arbeit und die sich daraus ergebenden wertvollen Anregungen sowie die Übernahme des Mitberichtes.

Ein herzlicher Dank geht auch an Herrn Professor Dr.-Ing. H. Kühnle sowie Herrn Dr. W. Sihn für ihre stete Diskussionsbereitschaft und konstruktive Kritik.

Allen Mitarbeitern des Instituts, die mir durch ihre Einsatz- und Hilfsbereitschaft die Erstellung der Arbeit erleichert haben, danke ich vielmals. Dies gilt im Besonderen für Susanne und Andreas.

Ohne die Unterstützung meiner Frau Annette und meiner Tochter Kathrin, die mit großer Geduld und Zuversicht die familiären Belastungen eines Promotionsverfahrens auf sich nahmen, hätte ich es nicht geschafft. Danke.


Stuttgart, 1994                                        H.-J. Braun

## Inhaltsverzeichnis:

# Abkürzungsverzeichnis

| Zeichen | Einheit | Bedeutung |
| --- | --- | --- |
| $AA$ | | Abbildung: Ordnet den Mitarbeiter $AN_i$ der Springergruppe $PG_S$ ihre Alternativarbeitsplatzgruppe $APG_j$ zu. |
| $AA_{i,j}$ | | Alternativarbeitsplatzgruppe $APG_j$ eines Mitarbeiters $AN_i$ der Springergruppe $PG_S$ |
| $AAPL_j$ | | Anzahl der Arbeitsplätze einer Arbeitsplatzlinie $APL_j$ der Arbeitsplatzgruppe $APG_j$ |
| $AGS_j$ | | Abbildung: Arbeitsplatzgruppenstruktur einer Arbeitsplatzgruppe $APG_j$ |
| $AN$ | | Menge aller Arbeitnehmer |
| $AN_i$ | | Mitarbeiter i |
| $ANW$ | | Abbildung: Beschreibt die Verfügbarkeit $ANW_{i,t}$ der Mitarbeiter $AN_i$ für die einzelnen Planungszeitabschnitte $PZA_t$. |
| $ANW_{i,t}$ | | Anwesenheitskennzahl eines Mitarbeiter $AN_i$ für einen Planungszeitabschnitte $PZA_t$ |
| $AP$ | | Menge aller Arbeitsplätze |
| $AP_f$ | | Arbeitsplatz f |
| $APG$ | | Menge aller Arbeitsplatzgruppen |
| $APG_j$ | | Arbeitsplatzgruppe j |
| $APL$ | | Menge aller Arbeitplatzlinien |
| $APL_{j,l}$ | | Arbeitplatzlinie l der Arbeitsplatzgruppe $APG_j$ |
| $ARP$ | h | Abbildung: Ordnet einer Positionen $P_n$ und einer Arbeitsplatzgruppen $APG_j$ eine stückbezogene Vorgabezeit $TE_{j,n}$ zu (Arbeitsplan). |
| $AT$ | | Anzahl der Planungszeitabschnitte $PZA_t$ eines Planungszeitraum $PZR_r$ |
| $AZ$ | h | Abbildung: Ordnet den Mitarbeiter $AN_i$ für die Planungszeitabschnitte $PZA_t$ ihre Arbeitszeiten $AZ_{i,t}$ zu. |
| $AZ_{i,t}$ | h | Arbeitszeit eines Mitarbeiters $AN_i$ in einem Planungszeitabschnitt $PZA_t$ |

| Zeichen | Einheit | Bedeutung |
|---|---|---|
| AZE | | Abbildung: Ordnet den Arbeitnehmer $AN_i$ eine Arbeitszeitmodell $AZM_{h,v}$ und einen Startzeitpunkt $PZA_{t_s}$ zu. |
| AZM | | Menge aller Arbeitszeitmodelle |
| $AZM_{h,v}$ | | Abbildung: Ordnet der Zykluszeit $Z_v$ das h-te Arbeitszeitmodell zu. |
| AZP | | Menge aller Arbeitszeiten |
| $AZP_d$ | | Arbeitszeit im Intervall d der Zykluszeit $Z_v$ |
| B | | Menge aller Produktionsbereiche |
| b | | Index für alle Produktionsbereiche |
| BG | | Abbildung: Ordnet die Personalgruppen $PG_g$ den Produktionsbereichen $PB_b$ zu. |
| $BM_{t,n}$ | Stück | Bedarfsmenge der Position $P_n$ im Planungszeitabschnitt $PZA_t$ |
| bzw. | | beziehungsweise |
| D | | Zykluszeitdauer |
| d | | Index für die Intervalle einer Zykluszeit $Z_v$ |
| $E_{i,b}$ | | Eignungskoeffizient eines Mitarbeiters $AN_i$ für einen Produktionsbereich $PB_b$ |
| $E_{i,g}$ | | Eignungskoeffizient eines Mitarbeiters $AN_i$ für eine Personalgruppe $PG_g$ |
| $E_{i,j}$ | | Eignungskoeffizient eines Mitarbeiters $AN_i$ für eine Arbeitsplatzgruppe $APG_j$ |
| EA | | Abbildung: Ordnet den Arbeitnehmer $AN_i$ für die Arbeitsplatzgruppen $APG_j$ ihre Eignungskoeffizienten $E_{i,j}$ zu. |
| $EG_{g,t}$ | | Zielfunktionswert Eignungsgraddeckung für die Personalgruppe $PG_g$ im Planungszeitabschnitt $PZA_t$ |
| etc. | | et cetera |
| $ES_t$ | | Zielfunktionswert Eignungsgrad für den Planungszeitabschnitt $PZA_t$ |
| $ES_r$ | | Zielfunktionswert Eignungsgrad für den Planungszeitraum $PZR_r$ |

| Zeichen | Einheit | Bedeutung |
|---|---|---|
| EP | | Abbildung: Ordnet den Arbeitnehmer $AN_i$ für die Personalgruppen $PG_g$ ihre Eignungskoeffizienten $E_{i,g}$ zu. |
| F | | Anzahl aller Arbeitsplätze |
| f | | Index für die Arbeitsplätze |
| G | | Menge aller Personalgruppen |
| g | | Index für alle Personalgruppen |
| $g_1$ | | Komplementärgruppe 1 |
| $g_2$ | | Komplementärgruppe 2 |
| GAZ | h | Gesamtarbeitszeit einer Zykluszeit $Z_v$ |
| H | | Menge aller Arbeitszeitmodelle für die Zykluszeit $Z_v$ |
| h | | Index aller Arbeitszeitmodelle der Zykluszeit $Z_v$ |
| I | | Anzahl aller Arbeitnehmer |
| i | | Index für den Arbeitnehmer AN |
| i.d.R. | | in der Regel |
| J | | Anzahl aller Arbeitsplatzgruppen |
| j | | Index für die Arbeitsplatzgruppe APG |
| $KB_{j,t}$ | h | Kapazitätsbedarf einer Arbeitsplatzgruppe $APG_j$ im Planungszeitabschnitt $PZA_t$ |
| KG | | Abbildung: Ordnet den Personalgruppen $PG_g$ ihre Komplementärgruppen zu |
| KGM | | Abbildung: Ordnet den Mitarbeitern $AN_i$ ihre Alternativarbeitsplatzgruppen in den Komplementärgruppen zu. |
| $KGM_{i,j}$ | | Alternativarbeitsplatzgruppe $APG_j$ des Mitarbeiters $AN_i$ in einer Komplementärgruppe. |
| L | | Anzahl aller Arbeitsplatzlinien $APL_j$ einer Arbeitsplatzgruppe $APG_j$ |
| l | | Index für eine Arbeitsplatzlinie $APL_j$ einer Arbeitsplatzgruppe $APG_j$ |
| M | | Anzahl aller Arbeitszeitmodelle |
| m | | Index für ein Arbeitszeitmodell |
| MA | | Maximal zulässiger Abweichungswert |

| Zeichen | Einheit | Bedeutung |
|---|---|---|
| $MA_{EG,g,t}$ | | Maximal zulässiger Abweichungswert vom Zielfunktionswert $EG_{g,t}$ der Personalgruppe $PG_g$ im Planungszeitabschnitt $PZA_t$ |
| $MA_{ES,t}$ | | Maximal zulässiger Abweichungswert vom Zielfunktionswert Eignungssumme $ES_t$ im Planungszeitabschnitt $PZA_t$ |
| $MA_{ES,r}$ | % | Maximal zulässiger Abweichungswert vom Zielfunktionswert Eignungssumme im Planungsraum $PZR_r$ |
| $MA_{PBD,g,t}$ | h | Maximal zulässiger Abweichungswert von der Personalangebotsdifferenz $PBD_{g,t}$ der Personalgruppe $PG_g$ im Planungszeitabschnitt $PZA_t$ |
| $MA_{PKB,g,t}$ | h | Maximal zulässiger Abweichungswert vom Personalkapazitätsdarf $PKB_{g,t}$ der Personalgruppe $PG_g$ im Planungszeitabschnitt $PZA_t$ |
| $MA_{PKB,j,t}$ | h | Maximal zulässiger Abweichungswert vom Personalkapazitätsdarf $PKB_{j,t}$ der Arbeitsplatzgruppe $APG_j$ im Planungszeitabschnitt $PZA_t$ |
| $MA_{PKB,t}$ | % | Maximal zulässiger Abweichungswert vom Personalkapazitätsdarf im Planungszeitabschnitt $PZA_t$ |
| $MA_{PKB,r}$ | % | Maximal zulässiger Abweichungswert vom Personalkapazitätsdarf im Planungszeitraum $PZR_r$ |
| $MA_{PA,g,t}$ | h | Maximal zulässiger Abweichungswert vom Personalkapazitätsangebot $PA_{g,t}$ der Personalgruppe $PG_g$ im Planungszeitabschnitt $PZA_t$ |
| $MA_{PZ,i,r}$ | h | Maximal zulässiger Abweichungswert von der Gesamtarbeitszeit $PZ_{i,r}$ eines Mitarbeiters $AN_i$ im Planungszeitraum $PZR_r$ |
| $MA_{PZ,i}$ | % | Maximal zulässiger Abweichungswert von der Gesamtarbeitszeit für einen Mitarbeiters $AN_i$ |
| $MA_{PZ,r}$ | % | Maximal zulässiger Abweichungswert von der Gesamtarbeitszeit für einen Planungszeitraum $PZR_r$ |

| Zeichen | Einheit | Bedeutung |
| --- | --- | --- |
| $MA_{PW,i,r}$ | | Maximal zulässiger Abweichungswert vom Zielfunktionswert $PW_{i,r}$ des Mitarbeiter $AN_i$ für den Planungszeitabschnitt $PZA_t$ |
| $MA_{SA,t}$ | | Maximal zulässiger Abweichungswert vom Zielfunktionswert Stammarbeitsplatzgruppeneinsatz $SA_t$ im Planungszeitabschnitt $PZA_t$ |
| $MA_{SA,r}$ | % | Maximal zulässiger Abweichungswert vom Zielfunktionswert Stammarbeitsplatzgruppeneinsatz im Planungsraum $PZR_r$ |
| $MA_{SP,g,t}$ | | Maximal zulässiger Abweichungswert vom Zielfunktionswert $SP_{g,t}$ der Personalgruppe $PG_g$ im Planungszeitabschnitt $PZA_t$ |
| $N$ | | Anzahl aller Positionen |
| $n$ | | Index für die Positionen |
| $nf$ | | Index für den Nachfolgerarbeitsplatz |
| $np$ | | Anzahl der Arbeitsplatzgruppen eines Produktionsbereiches $PB_b$ |
| o.B.d.A | | ohne Beschränkung der Allgemeinheit |
| $P$ | | Menge aller Positionen |
| $P_n$ | | Position n |
| $PA$ | h | Abbildung: Ordnet den Personalgruppen $PG_g$ ihr planmäßiges Personalangebot $PA_{g,t}$ pro Planungszeitabschnitte $PZA_t$ zu |
| $PA_{g,t}$ | h | Personalangebot einer Personalgruppe $PG_g$ im Planungszeitabschnitt $PZA_t$ |
| $PB$ | | Menge aller Produktionsbereiche |
| $PB_b$ | | Produktionsbereich b |
| $PBA$ | | Abbildung: Ordnet den Arbeitsplatzgruppen $APG_j$ den Personalkapazitätsbedarf $PKB_{j,t}$ je Planungszeitabschnitt $PZA_t$ zu |
| $PBD_{g,t}$ | h | Personalangebotsdifferenz der Personalgruppe $PG_g$ im Planungszeitabschnitt $PZA_t$ |
| $PBP$ | | Abbildung: Ordnet einem Produktionsbereich $PB_b$ den Personalkapazitätsbedarf $PKB_{b,t}$ je Planungszeitabschnitt $PZA_t$ zu |

| Zeichen | Einheit | Bedeutung |
| --- | --- | --- |
| $PD_t$ | h | Gesamtpersonalangebotsdifferenz im Planungszeitabschnitt $PZA_t$ |
| $PE$ | | Abbildung: Ordnet die Mitarbeiter $AN_i$ den Arbeitsplatzgruppen $APG_j$ für alle Planungszeitabschnitte $PZA_t$ zu. |
| $PE_{i,j,t}$ | | Mitarbeiter $AN_i$ wird im Planungszeitabschnitt $PZA_t$ in der Arbeitsplatzgruppe $APG_j$ eingesetzt |
| $PGM$ | | Abbildung: Ordnet den Mitarbeitern $AN_i$ ihre Alternativarbeitsplatzgruppen in den Stammpersonalgruppe zu |
| $PGM_{i,j}$ | | Alternativarbeitsplatzgruppe $APG_j$ des Mitarbeiters $AN_i$ in seiner Stammpersonalgruppe |
| $PG$ | | Menge aller Personalgruppen |
| $PG_g$ | | Personalgruppe g |
| $PG_s$ | | Springergruppe |
| $PKB_{j,t}$ | h | Personalkapazitätsbedarf einer Arbeitsplatzgruppe $APG_j$ im Planungszeitabschnitt $PZA_t$ |
| $PKB_{b,t}$ | h | Personalkapazitätsbedarf eines Produktionsbereichs $PB_b$ in Planungszeitabschnitt $PZA_t$ |
| $PKB_{g,t}$ | h | Personalkapazitätsbedarf eines Personalgruppe $PG_g$ in Planungszeitabschnitt $PZA_t$ |
| $PKÜ$ | | Personalkapazitätsübersicht |
| $PP$ | | Abbildung: Beschreibt für die Position $P_n$ die Bedarfsmenge $BM_{t,n}$ für die Planungszeitabschnitte $PZA_t$ |
| $PPL$ | | Abbildung: Enthält die Mitarbeiter $AN_i$ die in den Planungszeitabschnitten $PZA_t$ noch nicht verplant sind |
| $PPL_{i,t}$ | | Personalverfügbarkeitskennzahl für den Mitarbeiter $AN_i$ im Planungszeitabschnitt $PZA_t$ |
| $PPS$ | | Produktionsplanung und -steuerung |
| $PU$ | | Personalunterdeckung |
| $PÜ$ | | Personalüberdeckung |

| Zeichen | Einheit | Bedeutung |
| --- | --- | --- |
| $PV$ | | Abbildung: Ordnet die Mitarbeiter $AN_i$ den Personalgruppen $APG_j$ für alle Planungszeitabschnitte $PZA_t$ zu |
| $PV_{i,g,t}$ | | Mitarbeiter $AN_i$ wird im Planungszeitabschnitt $PZA_t$ in der Personalgruppe $APG_j$ eingesetzt |
| $PW_{i,r}$ | | Zielfunktionswert Personalgruppenwechsel für den Mitarbeiter $AN_i$ im Planungszeitraum $PZA_t$ |
| $PZ_{i,r}$ | h | Personalzeit, d.h Gesamtarbeitszeit eines Mitarbeiters $AN_i$ im Planungszeitraum $PZR_r$ |
| $PZA$ | | Menge aller Planungszeitabschnitte |
| $PZA_t$ | | Planungszeitabschnitt t |
| $PZR$ | | Menge aller Planungszeiträume |
| $PZR_r$ | | Planungszeitraum r |
| $\mathfrak{R}$ | | Menge der rellen Zahlen |
| $R$ | | Anzahl aller Planungszeiträume |
| $r$ | | Index für die Planungszeiträume |
| $SA$ | | Abbildung: Ordnet den Mitarbeiters $AN_i$ ihre Stammarbeitsplatzgruppe $APG_j$ zu |
| $SA_{i,j}$ | | Stammarbeitsplatzgruppe $APG_j$ des Mitarbeiters $AN_i$ |
| $SA_t$ | | Zielfunktionswert Stammarbeitsgruppeneinsatz für den Planungszeitabschnitt $PZA_t$ |
| $SA_r$ | | Zielfunktionswert Stammarbeitsgruppeneinsatz für den Planungszeitraum $PZR_r$ |
| $SP$ | | Abbildung: Ordnet den Mitarbeitern $AN_i$ ihre Stammpersonalgruppe $PG_g$ zu |
| $SP_{i,g}$ | | Stammpersonalgruppe $PG_g$ des Mitarbeiter $AN_i$ |
| $SP_{g,t}$ | | Zielfunktionswert Stammgruppeneinsatz für die Personalgruppe $PG_g$ im Planungszeitabschnitt $PZA_t$ |
| $T$ | | Anzahl aller Planungszeitabschnitte $PZA_t$, entspricht dem Planungshorizont |
| $t$ | | Index für die Planungszeitabschnitte |
| $TE_{j,n}$ | Stück/h | Vorgabezeit je Arbeitsplatzgruppe $APG_j$ und Position $P_n$ |

| Zeichen | Einheit | Bedeutung |
| --- | --- | --- |
| u.a. | | und andere |
| usw. | | und so weiter |
| V | | |
| vgl. | | vergleiche |
| X | | Laufvariable |
| Z | | Menge aller Zykluszeiten |
| $Z_v$ | | Zykluszeit v |
| ZA | | Abbildung: Ordnet den Zykluszeiten $Z_v$ ihre Gesamtarbeitszeit GAZ und ihre Intervallänge D zu. |
| z.B. | | zum Beispiel |
| $\tau$ | | Kompromißgüte |
| $\Pi_X$ | | Projektion auf das x-te Element |
| $P$ | | Potenzmenge |

# Bilderverzeichnis

# 1. Einleitung

Aus der Globalisierung der Märkte wird noch im kommenden Jahrhundert eine neue Form der Wirtschaft hervorgehen, die keine nationalen Produkte und Technologien und keine nationalen Wirtschaftsunternehmen mehr kennt /102/. Diese Veränderung der Märkte, die Dynamik der Märkte und die Differenzierung der Kundenbedürfnisse fordern von Unternehmen[1] ein hohes Maß an Anpassungsfähigkeit. Ein Unternehmen kann zukünftig nur dann erfolgreich sein, wenn es die gleiche Beweglichkeit, die gleiche Dynamik wie seine Märkte besitzt. Die Produktion[2] wird damit zur Dienstleistung, die einerseits die bisherige Zielgröße Produktivität als alleinigen Maßstab durch Flexibilität und Bedarfsorientierung ergänzen muß, andererseits die Beweglichkeit und die Kreativität seiner Mitarbeiter als die Quellen des Unternehmenserfolgs erkennt (vgl. Bild 1-1) /118/.

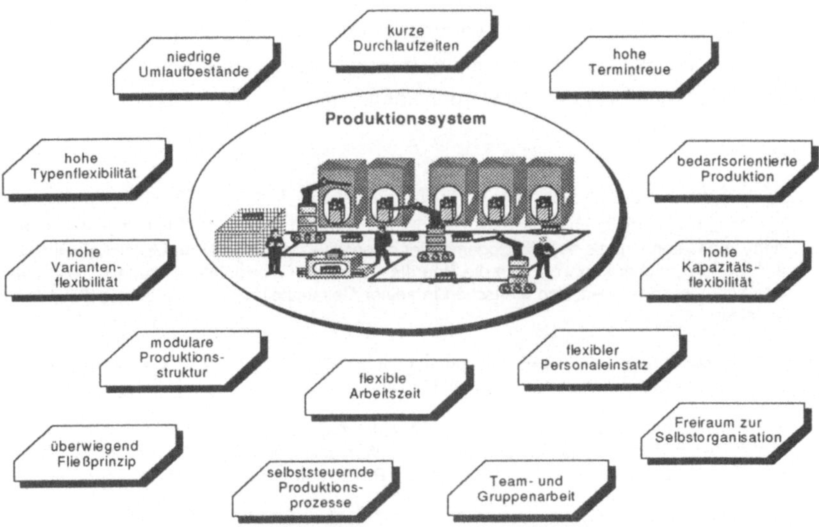



Bild 1-1: Anforderungen an ein marktorientiertes Produktionssystem

---

1    In dieser Arbeit soll die Betrachtung auf Industriebetriebe beschränkt werden. Zur Definition eines Industriebetriebes siehe /9/.

2    In der Praxis werden die Begriffe Produktion und Fertigung häufig synonoym verwendet. In der vorliegenden Arbeit wird in Anlehnung an WARNECKE /119/ Produktion als Oberbegriff für die Bereiche Fertigung und Montage gewählt.

Ausgehend von den geschilderten Anforderungen, wird es daher eine wesentliche Zukunftsaufgabe sein, das Zusammenwirken von Produkt, Technik, Organisation und Personal unter wirtschaftlichen Bedingungen an die geänderten Marktbedingungen anzupassen. In der vorliegenden Arbeit soll hierzu ein Beitrag geleistet werden, indem ein Verfahren zur mittelfristigen Personalkapazitätsanpassung[3] für den Produktionstyp[4] Serienproduktion entwickelt wird.

Unternehmen mit Serienproduktion haben in der Vergangenheit relativ kontinuierlich in großen Losen nach einem längerfristig konstanten Produktionsprogramm[5] ihre Produkte fertigen und absetzen können. Aufgrund der zunehmenden Kundenorientierung in Verbindung mit steigender Typen- und Variantenvielfalt bei gleichzeitig kleineren Losgrößen wird der Produktionsprozeß jedoch immer mehr den Turbulenzen des Marktes unterworfen. Ziel der vorliegenden Arbeit ist es daher, ein Planungsverfahren zur Personalkapazitätsanpassung als Funktionsbaustein der Produktionsplanung und -steuerung zu entwickeln, so daß die heute bereits in Unternehmen verfügbare hohe technische Kapazitätsflexibilität[6] durch den Einsatz von flexiblen, mitarbeiterorientierten Personaleinsatzmodellen bedarfsgerecht genutzt werden kann.

---

[3] Der Mensch wird im Rahmen dieser Arbeit bezüglich seiner Stellung als Produktionsfaktor im Sinne von Gutenberg als objektbezogene oder dispositive menschliche Arbeitsleistung aufgefaßt. Demgegenüber kennzeichnen die Begriffe Personal, Arbeitskräfte, Mitarbeiter, die hier synonym benutzt werden, den Menschen in seiner Gesamtheit als personifizierten Produktionsfaktor.

[4] Reale Produktionssysteme lassen sich durch eine Kombination von Merkmalen kennzeichnen und zu bestimmten Typen zusammenfassen /106/.

[5] Das Produktionsprogramm geht nach REFA /99/ vom Absatzprogramm aus und berücksichtigt zusätzlich die Gegebenheiten der Beschaffungsmärkte und die Kapazität des Produktionsbereichs. Es legt fest, welche Aufträge von Produktion in welchen Perioden durchzuführen sind.

[6] Kapazität ist in Anlehnung an ZÄPFEL /129/ definiert als das mengenmäßige Leistungsvermögen einer Kapazitätseinheit zur Durchführung definierter wertsteigender Arbeitsvorgänge in einem Zeitabschnitt. Als Kapazitätseinheit wird ein einzelnes Betriebsmittel oder organisatorisch und dispositiv zusammengefaßte Betriebsmittelgruppen, ein manueller Arbeitsplatz oder mehrere manuelle Arbeitsplätze, die organisatorisch und dispositiv zu einer Arbeitsplatzgruppe zusammengefaßt sind, bezeichnet /79/. Unter Kapazitätsflexibilität wird die Geschwindigkeit der Umstellung auf wechselnde Aufgabenstellungen verstanden. Hierbei muß zwischen den Flexibilitätsarten, d.h. der Typen-, Varianten- und Stückzahlflexiblität unterschieden werden /115/.

## 2.    Festlegung des Untersuchungsbereichs

Der Untersuchungsbereich wird auf die Integration von Funktionen zur Personalkapazitätsplanung in den Planungsablauf der mittelfristigen Produktionsplanung
und -steuerung für die bedarfsorientierte Serienproduktion[7] beschränkt. Aus wirtschaftlichen Gründen muß für diesen Produktionstyp eine hohe Lieferbereitschaft
bei niedrigen Durchlaufzeiten und niedrigen Beständen als primärer Wett-
bewerbsvorteil erzielt werden /8/. Dieser Anforderung gerecht zu werden, wird
aufgrund der internationalen Wettbewerbssituation immer schwieriger. Turbulente
Angebots- und Nachfrageverhältnisse auf den Faktor- und Produktmärkten sowie
ihre konjunkturellen, saisonalen und trendmäßigen Schwankungen nehmen einen
immer gravierenderen Einfluß auf Struktur, Niveau und Chronologie des Produktionsprogramms eines Unternehmens und damit letztlich auf den benötigten Personalbedarf /12, 118, 125/. Durch die Integration von Funktionen zur Personalkapazitätsplanung in die mittelfristige Produktionsplanung und -steuerung soll das
verfügbare Personal optimal an den zeitlichen Verlauf der Kapazitätsnachfrage
angepaßt und damit eine vermehrte Bedarfsorientierung des Produktionsprozesses erreicht werden. Zur Sicherstellung legitimer Belange der Mitarbeiter
soll die Kapazitätsanpassung[8] durch den Einsatz flexibler, mitarbeiterorientierter
Personaleinsatzmodelle erfolgen.

Es handelt sich hierbei um eine interdisziplinäre Aufgabenstellung, die technische, wirtschaftliche, gesellschaftliche und arbeitswissenschaftliche Aspekte berücksichtigen muß. Ziel ist es, ausgehend von Anforderungen an die Produktionsplanung und -steuerung sowie der Aufgaben und Ziele der Personalkapazitätsplanung, ein Planungsverfahren[9] zur Personalkapazitätsanpassung zu ent-

---

[7]    Die bedarfsorientierte Produktion findet man beim Prozeßtyp "Wechselfließfertigung" mit
       vernachlässigbaren Rüstzeiten bzw. -kosten, der oftmals in der Serienproduktion anzutreffen
       ist /79/

[8]    Die Kapazitätsanpassung stellt einen Funktionsbaustein der Kapazitätsabstimmung dar Ziel
       der Kapazitätsabstimmung ist es, eine gleichmäßige Auslastung der Kapazitätseinheiten zu
       erreichen, ohne daß Auftragstermine gefährdet werden. Je nach Belastungssituation kann die
       Kapazitätsabstimmung durch einen Kapazitätsabgleich (d h Anpassung des Kapazitätsbe-
       darfs an das Kapazitätsangebot) oder durch eine Kapazitätsanpassung (d h Anpassung des
       Kapazitätsangebots an den Kapazitätsbedarf) erfolgen /60/.

[9]    Die Planung verfolgt den Zweck, die Aktivitaten eines Unternehmens systematisch auf sich
       verandernde Ziele auszurichten. Grundpfeiler der Planung sind rationale Analysen der ge-
       genwärtigen Unternehmenssituation und realistische Einschätzungen zukunftiger Entwick-
       lungen /99/

wickeln und in den Ablauf der Produktionsplanung und -steuerung zu integrieren und damit die Voraussetzung für eine bedarfsorientierte Produktion zu schaffen.

Die Qualität der Planungsergebnisse des Verfahrens ist abhängig davon, wie gut die planungsrelevanten Eigenschaften des zu planenden Produktionsprozesses im Verfahren abgebildet werden können. Die genaue Analyse des zu planenden Produktionssystems[10] soll zum einen eine Beschreibung der problem- und zielrelevanten Eigenschaften des Produktionsprozesses liefern, zum anderen ergeben sich hieraus auch Abgrenzungen zu anderen Prozeßtypen, die von der weiteren Betrachtung ausgeschlossen werden sollen.


## 2.1      Produktionssystem mit Serienproduktion

Ein wesentlicher Einflußfaktor auf die Produktionsplanung und -steuerung, und somit auch auf die Personalkapazitätsanpassung, stellt die Produktionsstruktur[11] des zu planenden Produktionssystems dar /8, 14/. Grundsätzlich läßt sich der Produktionsprozeß der Serienproduktion nicht durch eine eindeutig identifizierbare Produktionsstruktur darstellen. Vielmehr sind die in der betrieblichen Praxis entstandenen Produktionsstrukturen hinsichtlich ihrer anwendungsspezifischen Gegebenheiten mannigfaltig. Dennoch läßt sich der Produktionsprozeß der Serienproduktion bezogen auf den prinzipiellen Aufbau in Form von einzelnen Strukturelementen[12] beschreiben. Dadurch ergibt sich die Möglichkeit, Aufschluß über

---

[10]  Als Produktionssystem wird im folgenden ein Arbeitssystem bezeichnet, dessen Arbeitsaufgabe darin besteht Einzelteile zu fertigen, Einzelteile zu Baugruppen oder Einzelteile und Baugruppen zu Endprodukten zusammenzubauen. Zur Ausführung der Arbeitsaufgabe wirken Mensch und Produktionsmittel als Elemente des Arbeitssystems in einer gemeinsamen Arbeitsumgebung zusammen

[11]  Die Produktionsstruktur beschreibt die personellen, organisatorischen, technischen und informationstechnischen Zusammenhänge für die betriebliche Wertschöpfungskette und stellt damit eine Schlüsselfunktion für den Erfolg des Unternehmens dar /121/. Abhängig von der Produktionsstruktur ergeben sich unterschiedliche Anforderungen an ein übergeordnetes Planungs- und Steuerungskonzept /32/.

[12]  Strukturüberlegungen sind grundsätzliche Voraussetzungen für die Systembeschreibung, da strukturelle Eigenschaften wesentliche Eigenschaften von Systemen sind  Damit liefert die Struktur das Ordnungsprinzip nach welchem die Gesamtheit, also das System, aus seinen Elementen aufgebaut ist  Strukturmodellle von Systemen sind infolgedessen Hilfsmittel, derartige Ordnungsprinzipien in Systemen zu erkennen und zu beschreiben /95/.

Einzelaufgaben[13] und Stellen[14] innerhalb eines Strukturelements zu gewinnen sowie Anforderungen an ein übergeordnetes Planungsinstrument abzuleiten. Die fünf wesentlichen Ordnungskriterien zur Beschreibung der Produktionsprozesse der Serienproduktion sind in Anlehnung an EVERSHEIM /42/ und WARNECKE /121/ in Bild 2.1-1 dargestellt.

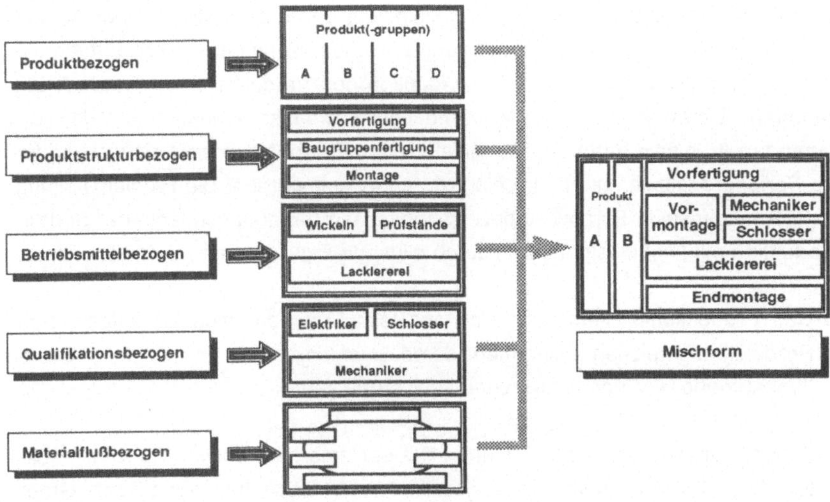


Bild 2.1-1: Ordnungskriterien zur Beschreibung einer Produktionsstruktur /121/

Neben dem Produkt- bzw. der Produktstruktur als primäres Ordnungskriterium für die Serienproduktion als Voraussetzung für einen flußorientierten Produktionsprozeß mit den Vorteilen von kurzen Durchlaufzeiten und niedrigen Umlaufbeständen /124/, stellen danach die eingesetzten Betriebsmittel sowie die Mitarbeiterqualifikation wesentliche Kriterien zur Gestaltung und Beschreibung des Produktionsprozesses dar.

---

13  Jede Aufgabe läßt sich als Teil einer Aufgabenerfüllungssituation auffassen, die bestimmt ist durch die zu erfüllende Aufgabe, den Aufgabenträger, das zur Aufgabenerfüllung eingesetzte Sachmittel und die zu anderen Aufgabenerfüllungsvorgängen bestehenden Interdependenzen /34/.

14  Unter einer Stelle sei eine arbeitsteilige Einheit, die vom Menschen allein oder zusammen mit technischen Sachmitteln ausgefuhrt wird, verstanden /75/

Das Produktionssystem der Serienproduktion läßt sich somit als eine Mischform der oben dargestellten Ordnungskriterien beschreiben. Daraus leitet sich für die Serienproduktion ein Strukturtyp ab, der in der Literatur als Fließinselprinzip[15] definiert wird. Je nach Intensität der Abstufung der zugrundliegenden Ordnungskriterien gelten für das Fließinselprinzip die Vor- und Nachteile des Werkstatt- bzw. des Fließprinzips abgestuft. So nimmt im Hinblick auf die Flexibilität, Durchlaufzeiten, Kapazitätsauslastung, Kapitalbindung und das Polylemma der Ablaufplanung[16] dieser Typ eine Mittelstellung zwischen Werkstatt- und Fließfertigung ein und ermöglicht so eine optimale Adaption des Produktionsprozesses an die gegebene Unternehmens- und Marktsituation. Dementsprechend soll in der vorliegenden Arbeit ein Verfahren zur mittelfristigen Personalkapazitätsanpassung für die Serienproduktion mit Fließinselprinzip entwickelt werden. Die Problemstellung für die mittelfrisitige Personalkapazitätsanpassung bei bedarfsorientierter Serienproduktion mit Fließinselprinzip ist durch folgende Eigenschaften gekennzeichnet:

❑ Das Produktionssystem setzt sich aus teilautonomen, modular aufgebauten Produktionsbereichen zusammen, deren Leistungprofil in Form einer Produktionsaufgabe[17] eindeutig beschrieben werden kann.

❑ Jeder Produktionsbereich verfügt i.d.R. über eine individuelle Kapazitätsstruktur, die sich abhängig von den zugeordneten Betriebsmitteln aus Einzel-, Gruppenarbeitsplätzen sowie Arbeitsplatzlinien zusammensetzen kann.

---

[15] Das Fließinselprinzip ist ein Anordnungstyp, bei dem ein Teil der Betriebsmittel nach Tatigkeitsarten räumlich gruppiert ist (Verrichtungsprinzip, d.h. Betriebsmittelorientierung bzw Personalqualifikationsorientierung) und der andere Teil in der technisch-wirtschaftlich erforderlichen Folge der Tatigkeiten für bestimmte Produkte (Objektprinzip, d h Produkt- bzw Produktstrukturorientierung) angeordnet ist. Bei den nach dem Verrichtungsprizip (Werkstattprinzip) angeordneten Betriebsmitteln kommen im Extremfall alle Ubergangsbeziehungen vor, und bei den nach dem Objektprinzip (Fließprinzip) angeordneten Betriebsmitteln kommt im Extremfall zwischen jeweils zwei Betriebsmitteln nur eine einzige direkte Ubergangsbeziehung vor (vgl /54/)

[16] Das Polylemma der Ablaufplanung beschreibt das Problem der Konkurrenz von mehr als zwei Zielstellungen Zur ausführlichen Diskussion des Polylemma der Ablaufplanung siehe /57, 60/.

[17] Die Produktionsaufgabe eines Produktionsbereichs wird durch die Zuordnung eines wertsteigernden Arbeitsvorgangs an einem Produkt, einer Produktkomponete und einem Einzelteil zu einer Kapazitätseinheit beschrieben /34, 88/

❑ Als Voraussetzung für eine bedarfsorientierte Produktion verfügt jeder Produktionsbereich des Produktionssystems über eine ausreichende Betriebsmittelkapazität um die Nachfragen des Absatzmarktes bedarfsgerecht produzieren zu können. Die Betriebsmittelkapazität stellt somit keinen begrenzenden Kapazitätsfaktor dar.

❑ Als Voraussetzung für eine kontinuierliche Beschäftigung des Personals unabhängig von der aktuellen Bedarfssituation soll die Personalkapazität des Produktionssystems innerhalb des Produktionsbereichs sowie auch bereichsübergreifend flexibel eingesetzt werden können.

❑ Bedarfe treten nicht als Einzelbedarfe, sondern als diskrete, auf bestimmte Planperioden bezogene Bedarfe in Form von Auftragslosen[18] auf.

❑ Aufgrund der Zielstellung einer bedarfsorientierten Produktion besteht keine planungsrelevante Bestandsproblematik.

Anhand dieser Eigenschaften wird ein Produktionssystem beschrieben, das die technischen und organisatorischen Strukturvoraussetzungen zur bedarfsorientierten Produktion impliziert sowie die Basis für die Gestaltungs- und Handlungsfreiräume zur Personalkapazitätsanpassung im Rahmen der Produktionsplanung und -steuerung darstellt.

---

[18]  Als Los wird die Menge eines Erzeugnisses bezeichnet, die ohne Unterbrechung durch ein anderes Erzeugnis auf einer Produktionseinheit gefertigt wird /99/

## 2.2 Bedarfsorientierte Produktionsplanung und -steuerung

Die Produktionsplanung und -steuerung (PPS) als Querschnittsfunktion im Unternehmen hat die Aufgabe, die Herstellung von Produkten in einem Unternehmen hinsichtlich Menge, Termin, Kapazitäten und Kosten zu planen und zu steuern. Aufgabe der PPS ist somit die planmäßige Vorbereitung der Produktion, um die vom Verkauf gewünschten Produkte zum gewünschten Termin in der gewünschten Menge unter der Voraussetzung möglichst niedriger Gesamtkosten und möglichst guter Auslastung der Produktionskapazitäten herzustellen. Im einzelnen stellt die PPS im Rahmen der Produktionsplanung dazu folgende Funktionsmodule zur Verfügung:

- ❑ Produktionsprogrammplanung und
- ❑ Mengen- und Terminplanung[19] .

Die Produktionssteuerung als Durchsetzungsfunktion schafft die Voraussetzung, die Ergebnisse der Produktionsplanung zu realisieren. Dazu werden folgende Funktionsmodule zur Verfügung gestellt:

- ❑ Auftragsveranlassung
- ❑ Auftragsüberwachung

Zur Lösung dieser komplexen Aufgabe einer zielgerichteten Planung und Steuerung der Produktionsprozesse werden seit den siebziger Jahren Produktionsplanungs- und Steuerungssysteme (PPS-Systeme)[20] eingesetzt /94/. Diese Systeme unterscheiden sich einerseits in der Art (Funktionsqualität) und im Ausmaß (Funktionsumfang) wie die PPS-Funktionen umgesetzt sind /60/. Da sich die PPS aus der klassischen Produktionsorganisation heraus entwickelt und parallel in Wechselwirkung zur elektronischen Datenverarbeitung weiterentwickelt hat, können andererseits PPS-Systeme hinsichtlich ihrer institutionellen Integrationskon-

---

[19] Die Mengen- und Terminplanung umfaßt nach KÜHNLE /79/ die Ermittlung von Bedarfen, Festlegung von Aufträgen und Führung von Beständen. Sie stellt somit eine Planungsfunktion der mittelfristigen Produktionsplanung und -steuerung dar

[20] Unter einem PPS-System wird ein EDV-unterstütztes System zur mengen-, termin-, und kapazitätsgerechten Planung, Veranlassung und Überwachung der Produktionsabläufe verstanden. PPS-Systeme sind somit nach /60/ und /46/ für den gesamten Bereich der technischen Auftragsabwicklung einsetzbar.

zepte innerhalb des Produktionsablauf unterschieden werden. PPS-Systeme tragen damit der Mannigfaltigkeit industrieller Produktionen Rechnung /69/.

Die Erwartungen, die seitens der Anwender an PPS-Systeme gestellt werden, sind jedoch bisher allenfalls zum Teil erfüllt worden /8, 14/. Die bestehenden Diskrepanzen lassen sich einerseits auf fehlende organisatorische Voraussetzungen beim Anwender zurückführen. Andererseits liegen die Ursachen in den PPS-Systemen selbst begründet. /32, 51, 84/. Neben den DV-technischen Mängeln, die sich speziell in der geringen Benutzerfreundlichkeit der Systeme, sowie in der mangelnden zeitaktuellen Bereitstellung der Planungsergebnisse äußern, sind hierfür vor allem konzeptionelle Gründe maßgeblich. Hinsichtlich der konzeptionellen Ursachen sind im wesentlichen eine mangelnde funktionale Ausgestaltung[21] sowie eine unzureichende Abbildung des Produktionsprozesses[22] zu nennen.

Die Voraussetzung für eine bedarfsorientierte Produktion ist eine Planung und Steuerung der Produktionsprozesse, die mit oberster Priorität der Marktbedürfnisse die Produktionskapazitäten flexibel nutzt[23]. Nicht zuletzt aus strategischen Überlegungen heraus wird damit die Flexibilität zur neuen Maxime der PPS /118/.

Diese Flexibilität kann dabei als Maß für die Anpassungsfähigkeit der PPS an sich verändernde Rahmenbedingungen in einer turbulenten Umwelt angesehen

---

[21] Die funktionalen Schwachstellen der PPS-Systeme liegen in der strikten Ausrichtung auf die Planungsaufgabe im Bereich Produktionsprogrammplanung sowie in einer Mengen- und Terminplanung ohne Berucksichtigung von Interdependenzen zu vor- oder nachgelagerten Funktionen der Unternehmensplanung wie beispielsweise der Personalkapazitätsplanung /116/.

[22] Auf die Folgen mangelnder Vollständigkeit der Produktionsplanung hat Gutenberg schon vor über 40 Jahren hingewiesen /56/. Die Unvollständigkeit der Planung bezieht sich hierbei nicht nur auf fehlende Funktionen sondern auch auf eine mangelnde Berücksichtigung der relevanten Planungsobjekte. Als Planungsobjekte lassen sich einerseits die Ressourcen Betriebsmittel, das Material und die Arbeitskräfte, andererseits die zu produzierenden Produkte charakterisieren Als Ressource werden nach Kühnle /79/ alle für die Erstellung eines Teils, einer Baugruppe, eines Produktes notwendigen Materialien, Betriebsmittel und Arbeitskräfte bezeichnet.

[23] Bei sich immer weiter fragmentierten Markten, sich weiter differenzierten Kundenbedürfnissen und sich damit auch immer weiter differenzierten Produktprogrammen, ist es nicht mehr möglich, mittels einer Prognose uber den künftigen Absatz ein treffendes Produktionsprogramm zu entwerfen /113/

werden. Im Hinblick auf das Ziel einer maximalen Flexibilität der PPS muß daher zukünftig, neben der Produktionsflexibilität, die auf den im Rahmen der Termin- und Reihenfolgeplanung möglichen Anpassungsmaßnahmen beruht, insbesondere auf die Flexibilität der einzusetzenden Produktionsressourcen geachtet werden /129/. Unter zeitlichen und örtlichen Gesichtspunkten weisen das Material und auch Meßmittel, Vorrichtungen und Werkzeuge eine ähnlich hohe Flexibilität wie das Personal auf, erreichen jedoch in quantitativer und qualitativer Hinsicht nicht dessen Anpassungsmöglichkeiten[24]. Deshalb kann das Personal, insbesondere in Form von qualifizierten Arbeitskräften mit Recht als die flexibelste Produktionsressource charakterisiert werden, die deshalb bei der Verfolgung des Flexibilitätsziels im Rahmen der PPS die dominierende Stellung einnehmen sollte /125/.

Der Planungsablauf der bedarfsorientierten PPS ergibt sich daher wie folgt: Die Mengen- und Terminplanung bestimmt durch die Auflösung der Kundenaufträge mittels der Stückliste die auftragsorientierten Teile/Baugruppen und ermittelt den zeitlich terminierten Kapazitätsbedarf[25]. Aufbauend auf diesen Planungsergebnissen werden die Mitarbeiter gemäß ihren Flexibilitätspotentialen bedarfsgerecht in den Produktionsablauf eingeplant. Aufgabe der vorliegenden Arbeit ist es, ein Verfahren als Teil der Produktionsplanung und -steuerung zu entwickeln, das die Mitarbeiter bedarfsgerecht in den Produktionsablauf einplant. Zur Gestaltung des Verfahrens sollen Vorarbeiten aus dem Bereich der Personalkapazitätsplanung Berücksichtigung finden. Desweitern soll bei der Gestaltung des Verfahrens darauf geachtet werden, daß der Mitarbeiter durch den Einsatz flexibler Personaleinsatzmodelle Freiräume zur Selbstorganisation erhält, so daß die Produktion weitestgehend selbststeuernd und eigenverantwortlich erfolgen kann.

---

[24]  Da die Flexibilität eine wesentliche Determinate des Leistungsvermögens, d.h der Kapazität einer Ressource ist, besteht die Flexibilität in der Quantität und der Qualität der Leistungserstellung nur bei den Potentialfaktoren Betriebsmittel und Personal /69/

[25]  Hierbei werden die benötigten technischen Ressourcen (Betriebsmittel, Werkzeug, Vorrichtung etc.) simultan eingeplant. Die fremdbezogenen verbrauchs-/plangesteuerten Teile und Baugruppen werden auf ihre Verfügbarkeit hin geprüft und tagesgenau reserviert. Eine detaillierte Darstellung dieser Planungsaufgabe geben KÜHNLE /79/ und FUCHS /48/

### 2.3.1    Personalplanung als betriebliche Unternehmensfunktion

Die Personalplanung als ein Teil der betrieblichen Unternehmensplanung umfaßt die Personalbedarfs-, Personalausstattungs- und Personaleinsatzplanung sowie die Planung der Weiterqualifikation (Aus- und Fortbildung) im Rahmen der Personalentwicklung /3, 16, 59, 71, 134/. In der Vergangenheit wurde die betriebliche Personalplanung als vernachlässigbare Funktion der unternehmerischen Gesamtplanung betrachtet /73, 107/. Die zunehmende Komplexität und Dynamik auf Seiten des Unternehmens sowie der starke Druck durch veränderte Arbeitsmarktfakten haben in den vergangenen Jahren eine neue Situation geschaffen, in der das traditionelle Verständnis der betrieblichen Personalplanung kaum noch Geltung hat.

Die zeitgemäße Aufgabe der betrieblichen Personalplanung besteht darin, den Personalbedarf, den Personaleinsatz und die Personalausstattung - unter Beachtung der für den Personalsektor geltenden Restriktionen und der zwischen dem Personalsektor und den übrigen Funktionsbereichen einer Organisation bestehenden Interdependenzen - optimal mit den betrieblichen Zielen aufeinander abzustimmen /3, 6, 24, 39/. Die Personalplanung leistet damit einen Beitrag zum wirtschaftlichen Erfolg eines Unternehmens[26]. In der personal- und betriebswirtschaftlichen Literatur werden hierzu Lösungsbeiträge unter dem Begriff des Personalcontrolling[27] behandelt. Ziel ist es dabei durch eine effiziente Steuerung der Personalkosten die Wirtschaftlichkeit der Unternehmensabläufe zu steigern. Ziel der vorliegenden Arbeit ist es durch eine Personalkapazitätsplanung Flexibilitätspotentiale im Rahmen der PPS zur Steigerung der Bedarfsorientierung zu erschließen und damit einen ingenieurwissenschaftlichen Lösungsbeitrag für eine zeitgemäße Personalplanung zu leisten (vgl. Bild 2.3-1).

---

[26]    Die Bedeutung des Personals als primär erfolgsbestimmender Produktionsfaktor findet sich nicht nur in der betriebswirtschaftlichen und personalwirtschaftlichen Literatur wieder, sondern auch immer wieder in ingenieurwissenschaftlichen Quellen, die die Aspekte der PPS aufgreifen /93, 123/

[27]    Unter Personalcontrolling versteht man die systematische Planung und Steuerung personalwirtschaftlicher Sachverhalte hinsichtlich quantitativen (Personalaufwendungen, Personalkosten etc) und qualitativen (Motivation, Identifikation, Arbeitszufriedenheit etc) Kriterien /105/.

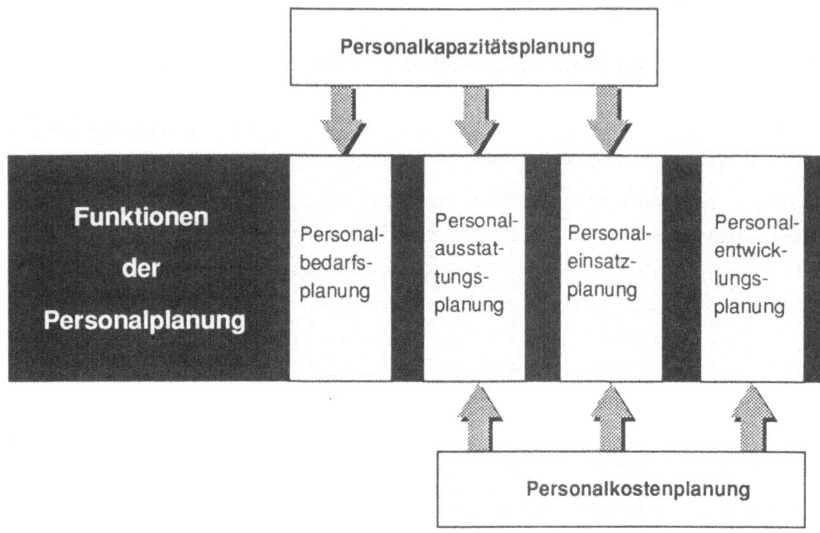


Bild 2.3-1:   Aufgabengebiete und Funktionen der Personalplanung (in Anlehnung an /116/)


## 2.3.2   Planungszeiträume der Personalkapazitätsplanung

In der Literatur wird in Analogie zur Produktionsplanung und -steuerung bei der Personalkapazitätsplanung zwischen kurz-, mittel- und langfristigen Planungszeiträumen unterschieden /58, 60, 128/[28] . Während die langfristige Planung von der Prämisse ausgeht, daß alle wesentlichen zu determinierenden Rahmenbedingungen und Einflußfaktoren innerhalb des Zeitraums variabel sind, liegt der mittelfristigen Planung nur noch ein eingeschränkter Planungsfreiraum zugrunde. Die kurzfristige Planung hat den Charakter einer Durchsetzungsplanung, d.h die Rahmenbedingungen sind im wesentlichen vorgegeben.

---

[28]  Die Periodenlänge, für die dabei im einzelnen geplant wird, ist abhängig von der Problemstellung und dem Anwendungsfall. Abhängig von der Zeit, die zur Realisierung von Maßnahmen einzelner Planungsfunktionen erforderlich ist, wird ihre Zugehörigkeit zur lang-, mittel- oder kurzfristigen Planung festgelegt.

Dementsprechend werden bei der langfristigen Personalkapazitätsplanung alle Einflußfaktoren, wie z.B. der Personalbedarf, die Arbeitsorganisation[29] und das Personalangebot als variabel betrachtet /77/. Um das Personalangebot und zukünftige Personalbedarfe optimal aufeinander abzustimmen, können im Rahmen der langfristigen Personalkapazitätsplanung eventuelle Personalüberhänge bzw. -unterdeckungen[30] beispielsweise durch gezielte Aus- und Fortbildungsmaßnahmen sowie durch eine Anpassung der Arbeitsorganisation beseitigt werden. Dabei werden sowohl tatsächlich vorhandenes, als auch potentielles, d.h. erst noch zu beschaffendes Personal in die Planung miteinbezogen /16/. Für die mittelfristige Personalkapazitätsplanung liegt der Personalbedarf als Planungsergebnis der mittelfristigen Produktionsplanung und -steuerung /83/ vor. Desweiteren ist die Personalausstattung weitestgehend durch die vorgegebenen Arbeitsmarktbedingungen im Unternehmen /24/ als gegeben anzusehen. Aufgabe der mittelfristigen Personalplanung ist es somit, das tatsächlich zur Verfügung stehende Mitarbeiterpotential unter Berücksichtigung deren Flexibilitätspotentialen den nachgefragten Arbeitsplätzen zuzuweisen. Der kurzfristige Planungszeitraum hat nur untergeordnete Bedeutung für die Personalkapazitätsplanung. Dies ergibt sich zum einen aus Motivations- und Führungsaspekten /68/, zum anderen aus wirtschaftlichen Gesichtspunkten z.B. Anlern- und Einarbeitungskosten in Verbindung mit einem Arbeitsplatzwechsel /35, 83/.

In den vergangenen Jahren wurden einige Ansätze, Konzepte und Verfahren zur langfristigen Personalkapazitätsplanung entwickelt /3, 33, 86, 134, u.a./. Die mittelfristige Personalkapazitätsplanung wurde dagegen weitestgehend vernachlässigt, da sie in der Vergangenheit betriebswirtschaftlich gesehen nicht von Bedeutung war. Durch den fortschreitenden Taylorismus[31] in den Arbeitsprozessen wurde eine spezialisierte, niedrige Personalqualifikation benötigt, die zum einen

---

29   Unter Arbeitsorganisation soll die Gesamtheit der formalen betrieblichen Bedingungen, nach denen die Arbeitsaufgabe im Produktionsprozeß aufgeteilt wird, also die Aufgliederung der Funktionen des Arbeitsprozesses in Tätigkeiten verstanden werden.

30   Eine Personalüberdeckung liegt vor, wenn der Personalbedarf kleiner als das Personalangebot ist Bei einer Personalunterdeckung ist der Personalbedarf größer als das Personalangebot /43, 83/

31   Der Taylorismus verkorpert eine von F W Taylor (1856-1925) entwickelte Vorgehensweise zur Okonomisierung der Betriebsfuhrung. Danach wird in Zeit- und Bewegungsstudien für jede Arbeitsverrichtung die einzige und beste Verfahrensweise gesucht und dann mit dem Ziel einer rationalen Organisation aller Betriebsvorgange zwingend vorgeschrieben /127/

durch billige Arbeitskräfte erfüllt und zum anderen in ausreichender Menge vom Arbeitsmarkt zur Verfügung gestellt werden konnte. In der betrieblichen Praxis wurde daher in der Regel ein starrer Personaleinsatz vorgenommen, wobei der Mitarbeiter einem Stammarbeitsplatz mit festen Arbeitszeiten nach einem starren Schichtmodell zugeordnet wurde. Somit bestand keine weitere Planungsnotwendigkeit für die Personalkapazität.

Die Verschärfung der internationalen Konkurrenzsituation sowie gesättigte Absatzmärkte haben Anfang der 90-iger Jahre einen Paradigmenwechsel[32] in der Unternehmensorganisation eingeleitet, der eine völlige Abkehr vom Taylorismus verlangt und den Mitarbeiter in den Mittelpunkt des betrieblichen Geschehens stellt. Danach setzt sich die zukünftige Belegschaftsstruktur aus hochqualifizierten Problemlösern zusammen, die im Sinne eines kontinuierlichen Verbesserungsprozesses flexibel und dynamisch in Teams arbeiten. Das Personal wird damit zum entscheidenden Produktionsfaktor, der zukünftig aufgrund seiner Flexibilitätspotentiale[33] mittelfristig geplant werden muß. Die nachfolgenden Ausführungen beziehen sich daher ausschließlich auf die mittelfristige Personalkapazitätsplanung.


### 2.3.3    Aufgaben der mittelfristigen Personalkapazitätsanpassung

Die Aufgabe der mittelfristigen Personalkapazitätsanpassung ist es, die verfügbare personelle Kapazität in den Leistungsprozeß der Produktion

---

[32]  Der Paradigmenwechsel wird beispielsweise durch eine von WOMACK u.a /127/ durchgeführte Untersuchung in der Automobilbranche belegt. Ergebnis dieser Studie ist, daß die Montagebereiche von Automobilunternehmen, die individual- bzw. auftragsorientierte Organisationsformen (Toyotismus, schlanke Produktion) aufweisen gegenuber den, nach dem Taylorismus organisierten, hinsichtlich Effektivität und Effizeinz bedeutend uberlegen sind WARNECKE /118/ und KÜHNLE /81/ beschreiben den Paradigmenwechsel mit dem Konzept der Fraktalen Fabrik, wonach ein Fabrikbetrieb ein offenes System ist, das aus selbständig agierenden und in ihrer Zielausrichtung selbstähnlichen Einheiten - den Fraktalen - besteht und durch dynamische Organisationsstrukturen einen vitalen Organismus bildet.

[33]  Die quantitative Anpassung kann in Form von flexiblen Arbeitszeitmodellen, die qualitative Anpassung durch Einführung flexibler Personaleinsatzmodelle erfolgen. Dadurch kann eine bessere Anpassung der Personalkapazität an den zeitlich und örtlich schwankenden Kapazitätsbedarf erreicht werden /55/.

- ❏ örtlich,
- ❏ zeitlich,
- ❏ qualitativ und
- ❏ quantitativ

unter Berücksichtigung technologischer, arbeitswissenschaftlicher, gesetzlicher Restriktionen sowie sozialer und unternehmerischer Randbedingungen und Zielsetzungen optimal einzuplanen /86, 90, 91/. Dazu nimmt die mittelfristige Personalkapazitätsanpassung Funktionen der Personalbedarfs-, der Personalangebots- und der Personaleinsatzplanung wahr. Auch wenn in der Literatur in der Regel die einzelnen Planungsaufgaben isoliert voneinander beschrieben werden, zeigen sich bei deren Anwendung vielfältige Interdependenzen, die ein Ineinandergreifen einzelner Planungsaktivitäten notwendig machen /101/. Dies gilt im Rahmen der mittelfristigen Personalkapazitätsplanung in besonderem Maße für die Personaleinsatzplanung, die als Bindeglied zwischen der Personalbedarfs- und der Personalausstattungsplanung den Personalbedarf und das Personalangebot aufeinander abstimmt .

In dieser Position wirken auf die Personaleinsatzplanung Bedingungen ein, die sowohl den Personalbedarf als auch das Personalangebot in doppelter Weise betreffen. Sind Personalbedarf und/oder Personalangebot vorgegebene Größen, so wirken die für ihre qualitative, quantitative, zeitliche und örtliche Dimensionierung getroffenen Festlegungen als Rahmenbedingungen für die Personaleinsatzplanung. Ist über den Personalbedarf und/oder das Personalangebot noch zu entscheiden, sind die sie beeinflussenden Gestaltungsparameter zugleich Bedingungen, die im Rahmen der Personaleinsatzplanung mitzuplanen sind.

Flexible Personaleinsatzmodelle sind Maßnahmen zur Schaffung von Flexibilitätspotentialen des Personalangebots mit dem Ziel das Personalangebot unter Berücksichtigung legitimer Belange der Mitarbeiter optimal an den Personalbedarf zu adaptieren /11/. Dementsprechend soll die vorliegende Arbeit einen Beitrag dazu leisten, die quantitative, qualitative, zeitliche und örtliche Verfügbarkeit des Personals mit den Flexibilitätserfordernissen des Leistungserstellungsprozesses zu synchronisieren. Damit obliegt es der Personaleinsatzplanung, basierend auf einem vorgegebenen Personalbedarf, die verfügbaren personellen Flexibilitäten optimal zu handhaben. Die Personalbedarfsplanung reduziert sich damit auf die Funktion der Personalbedarfsermittlung, die Personalangebotsplanung nimmt die

Funktion der Personalangebotsermittlung wahr. Als Aufgabenbereich der Personaleinsatzplanung können vom Grundsatz her zwei Problemstellungen als Basis
für Gestaltungsparameter unterschieden werden: das Anpassungs- und das Zuordnungsproblem (vgl. Bild 2.2.1-1). Aufgrund der Planungsprämisse fixierter Personalbedarf und fixiertes Personalangebot reduziert sich für die vorliegende Arbeit der Handlungsraum im Rahmen der Personaleinsatzplanung auf das Zuordnungsproblem.

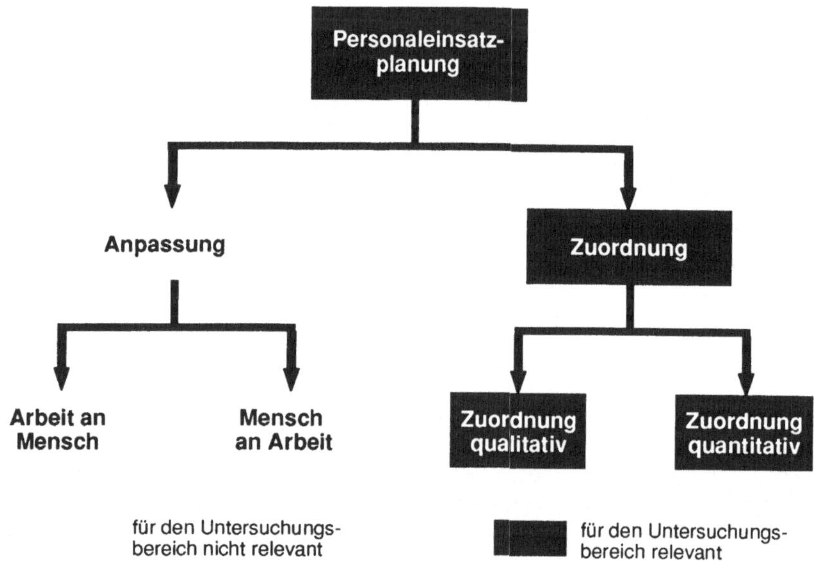


Bild 2.3.3-1: Gestaltungsmöglichkeiten und Abgrenzung der Personaleinsatzplanung (in Anlehnung an /71, 134/)

Dem Zuordnungsproblem liegt die Ermittlung einer zieladäquaten, wechselseitigen Zuordnung von Sachaufgaben und Mitarbeitern, entsprechend den Fähigkeiten der Mitarbeiter und den Anforderungen der Sachaufgaben zugrunde. Planungsaufgabe des Zuordnungsproblems ist immer die Besetzung von Arbeitsplätzen durch Mitarbeiter. Prinzipiell kann zwischen der quantitativen und qualitativen Zuordnung unterschieden werden. Da die Personaleinsatzplanung als inte-
graler Bestandteil zwischen Personalbedarfs- und Personalausstattungsplanung
betrachtet wird, d.h. sie erfolgt in Abstimmung mit den beiden übrigen Teil-

funktionen bzw. ihren Ergebnissen, muß eine simultane qualitative und quantitative Zuordnung von Mensch und Arbeitsplatz im Rahmen der Personaleinsatzplanung angestrebt werden /63, 75/. Zur Sicherstellung einer ökonomischen, mengen-, termin- und qualitätsgerechten Leistungserstellung unter Berücksichtigung legitimer Belange der Mitarbeiter, nimmt die Lösung des Zuordnungsproblems den Aufgabenschwerpunkt der vorliegenden Arbeit ein.

## 2.3.4 Ziele der mittelfristigen Personalkapazitätsanpassung

Aus der globalen Zielstellung der Personalkapazitätsplanung, Arbeitskräfte in der erforderlichen Zahl und Qualifikation zum richtigen Zeitpunkt am richtigen Ort für die Arbeit im Unternehmen zur Verfügung zu haben, zu der sie sich nach wirtschaftlichen und mitarbeiterorientierten Kriterien am besten eignen, leitet sich eine wirtschaftliche und eine soziale Zielgröße für die mittelfristige Personalkapazitätsplanung ab:

Unter der Prämisse, daß Maßnahmen der Personalkapazitätsanpassung keinen Einfluß auf die Höhe der Umsatzerlöse des Unternehmens haben, läßt sich als primäres Ziel der Personalkapazitätsanpassung eine Minimierung der Personalkosten ableiten. Ziel der mittelfristigen Personalkapazitätsanpassung ist es die Personalkosten für den Personaleinsatz durch flexible Personaleinsatzmodelle zu minimieren. Dadurch kann einerseits eine bessere Anpassung der Personalkapazität an den zeitlich und örtlich schwankenden Kapazitätsbedarf erreicht werden. Andererseits wird dadurch eine Ausdehnung der Betriebszeiten möglich und damit die Voraussetzung geschaffen die Kapitalkosten pro Stunde bzw. pro Stück zu senken. Durch die nachweisliche Reduzierung der Personal- oder Lohnstückkosten trägt die mittelfristige Personalkapazitätsanpassung damit zum kontinuierlichen Verbesserungsprozeß des Betriebsergebnisses im Wettbewerb um den Kunden bei / 33, 55/.

Als soziale Zielgrößen sind die legitimen Belange der Mitarbeiter, sowie die Forderungen außerbetrieblicher Gruppen wie beispielsweise der Gewerkschaften zu berücksichtigen. Aufgrund des veränderten gesellschaftlichen Wertewandels als Folge des gestiegenen Wohlstands müssen neue Anforderungen an ein Arbeitssystem, vor allem hinsichtlich Teilautonomie und persönlicher Entfaltungsfreiheit am Arbeitsplatz, gestellt werden. Flexible Personaleinsatzmodelle werden damit zu den entscheidenden Gestaltungsparametern, die einen neigungs[34] - und eignungsadäquaten[35] Arbeitseinsatz sowie die Nutzung der individuellen Fähigkeiten und Fertigkeiten der einzelnen Mitarbeiter fördert.


## 2.4     Computerunterstützte betriebliche Personalarbeit

Der Einsatz der elektronischen Datenverarbeitung (EDV) im Rahmen der betrieblichen Personalarbeit hat analog zur Entwicklung im Bereich der PPS bereits eine lange Tradition[36] . Die betriebliche Anwendung der Computerunterstützung beschränkt sich heute dennoch auf den Einsatz von Personalinformationssystemen[37] , die im wesentlichen administrative Aufgaben der Personalarbeit wie beispielsweise die Lohn- und Gehaltsabrechung übernehmen /117/. Dispositive Aufgaben der Personalarbeit können mit den heute verfügbaren Personalinformationssystemen jedoch nicht gelöst werden /116/. In jüngerer Zeit läßt sich dennoch auch hier ein Durchbruch erkennen, der zum einen auf die technologischen und methodischen Fortschritte im Bereich der EDV zurückzuführen ist, zum anderen aber auch eine klarere Rechtslage bzgl. der elektronischen Verarbeitung von Personaldaten zur Ursache hat.

---

[34]  Unter der Neigung eines Mitarbeiters sollen in der vorliegenden Arbeit die legitime Belange eines Mitarbeiters wie beispielsweise vereinbarte tägliche Arbeitszeit, Urlaubsregelungen sowie mitarbeiterbezogene Präferenzen wie beispielsweise Stammarbeitsplatz, bevorzugte Alternativarbeitsplätze etc. verstanden werden.

[35]  Die Anforderungen eines Arbeitsplatzes ergeben sich aus den zur Erfüllung der Arbeitsaufgabe notwendigen Kenntnissen und Erfahrungen sowie aus den physischen und psychischen Belastungen durch die Arbeitsaufgabe selbst sowie die Arbeitsumgebung. Unter Eignung werden alle jene Kenntnisse, Erfahrungen und physisch-psychischen Bedingungen einer Person verstanden, die in Bezug auf ihren Einsatz im Untersuchungsbereich von Bedeutung sind (vgl. /24, 59, 134/)

[36]  Bereits vor 20 Jahren wurde von Wissenschaft und Praxis eine computerunterstütze Personalplanung angeregt /31, 33, 71/

[37]  Zur Bewältigung der personalwirtschaftlichen Funktionen, der legitimen Informationsbedürfnisse der Belegschaft sowie zur Versorgung externer Stellen mit den gesetzlich und verordnungsmäßig vorgeschriebenen Daten werden in Wirtschaft und Verwaltung zunehmend Personalinformationssysteme eingesetzt (PIS).

Die juristischen Möglichkeiten des Aufbaus von Personalinformationssystemen sind im wesentlichen durch das Betriebsverfassungsgesetz[38] geregelt, da diese Problematik über das allgemeine Datenschutzgesetz[39] hinausgeht. Aufgrund der aktuellen Rechtssprechung hat sich eine Situation eingestellt, die es der Arbeitnehmervertretung verwehrt, die Verwendung eines Personalinformationssystems zu verhindern oder auch daraus abzuleitende Rationalisierungsmaßnahmen zu unterlaufen. Es bleibt jedoch die Möglichkeit im Interesse der Arbeitnehmer Modifikationen an Personalinformationssystemen durchzusetzen, die Gefahren bezüglich der Verletzung des Persönlichkeitsrechts abwenden /112/.

Nach DOMSCH /38/ läßt sich der strukturelle Aufbau eines Personalinformationssystems in die vier Komponenten Arbeitsplatzdatenbank, Personaldatenbank, Methoden-/Modellbank und Anlagenkonfiguration unterteilen[40] . Dementsprechend soll in der vorliegenden Arbeit der konzeptionelle Teil, sprich die Methoden- und Modellbank schwerpunktsmäßig behandelt werden. Die Ausgestaltung der Arbeitsplatz- und Personaldatenbank sowie die Festlegung der Anlagenkonfiguration sind nachgeschaltete Aufgaben, die am besten abhängig vom Anwendungsfall gelöst werden.

---

[38] Gemäß dem Betriebsverfassungsgesetz sind Methoden zur Personalplanung mitbestimmungsfrei, die Erhebung, Verwaltung sowie die Verwendung der planungsrelevanten Personaldaten mitbestimmungsfähig und nur unter bestimmten Bedingungen sogar mitbestimmungspflichtig (vgl /44, 62, 66, 117/)

[39] Allgemein werden die Belange des Datenschutzes im Personalwesen durch das Bundesdatenschutzgesetz (BDSG) und die Landesdatenschutzgesetze geregelt. Ziel ist es, dem Mißbrauch sowie der Beeintrachtigung der schutzwürdigen Belange der Betroffenen durch den Schutz personenbezogener Daten zu begegnen

[40] Die EDV-technische Konfiguration wird durch die Anlagenkonfiguration beschrieben. Personal- und Arbeitsplatzdatenbank bilden die Informationsträger eines Personalinformationssystems Die Methoden- und Modellbank umfaßt alle Programme, mit deren Hilfe die automatisierten Personalplanungsfunktionen durchgeführt werden

# 3. Anforderungen an das Planungsverfahren

Im Kapitel 2 konnte gezeigt werden, daß vor dem Hintergrund einer bedarfsorientierten Produktion die PPS um die Planung der Personalkapazität ergänzt werden muß. Aufgrund der Tatsache, daß es sich bei der mittelfristigen Personalkapazitätsanpassung um eine Bereitstellungsplanung[41] von Ressourcen für den eigentlichen Produktionsprozeß handelt, stellt diese Planungsfunktion einen ergänzenden Funktionsbaustein der PPS dar. Aufgabe des folgenden Kapitels ist es die Anforderungen an das Planungsverfahren zur Personalkapazitätsanpassung zu formulieren. Dazu sollen zunächst die drei Funktionsbausteine der Personalkapazitätsanpassung

- ❑ Personalbedarfsermittlung,
- ❑ Personalangebotsermittlung und
- ❑ Personalzuordnung

hinsichtlich ihrer zeitlichen, örtlichen, quantitativen und qualitativen Dimensionen analysiert und darauf aufbauend die Anforderungen an das Planungsverfahren abgeleitet werden.

## 3.1 Personalbedarfsermittlung

Der Funktion der Personalbedarfsermittlung liegt die Tatsache zugrunde, daß die Arbeitszeit, die von den einzelnen Arbeitskräften eines Betriebs in einer Planperiode zur Verfügung zu stellen ist, in Summe der Arbeitszeit entsprechen muß, die zur Erledigung der betrieblichen Aufgaben des Leistungserstellungsprozesses in der betreffenden Periode benötigt wird /75/. Die durchzuführenden Aufgaben des Leistungserstellungsprozesses in der Produktion werden im Rahmen der PPS festgelegt /79/. Dazu werden auf Basis der vorliegenden Kundenaufträge sowie

---

41 Die Aufgabe der Bereitstellungsplanung ist es, die für die Realisierung des Produktionsprogramms notwendigen Betriebsmittel, und Materialien (Schwerpunkt der PPS) als auch die erforderlichen Arbeitskräfte (Schwerpunkt der Personalplanung) unter quantitativen, qualitativen, zeitlichen und örtlichen Aspekten so zur Verfügung zu stellen, daß der Produktionsablauf effizient ablaufen kann. Der Bereitstellungsplanung obliegt dazu einer dreiteiligen Funktionsstruktur: Bedarfsplanung, Beschaffungs- bzw. Angebotsplanung und Einsatzplanung /57/.

Absatzprognosen für die Herstellung von Produkten, Baugruppen und Einzelteilen Teilaufgaben an einzelne betriebliche sowie betriebsexterne Leistungsträger durch die Vergabe von Produktionsaufträgen[42] erteilt. Als Ergebnis der Planung liegt ein Produktionsplan, der alle Produktionsaufträge zeitlich, örtlich und quantitativ für die einzelnen Kapazitätseinheiten beschreibt, vor. Ziel der Personalkapazitätsanpassung ist es die Personalkapazität an die Nachfrage anzupassen und somit eine maximale Bedarfsdeckung durch die Variation der Angebotsseite zu erzielen. Wie in Bild 3.1.1 dargestellt, hat die unterschiedliche Gestaltung einer Kapazitätseinheit erhebliche Auswirkungen auf die Ausbringungsflexibilität und damit auf den erforderlichen Personalkapazitätsbedarf[43]. Zur Ermittlung des Personalbedarfs muß daher zunächst ein Verfahrensbaustein entwickelt werden, der aufbauend auf den Planungsergebnissen der Mengen- und Terminplanung den Personalbedarf je Kapazitätseinheit auf Basis der Arbeitsplatzstruktur einer Kapazitätseinheit zeitlich, örtlich und quantitativ ermittelt[44].

Bedingt durch die große Vielzahl der zu planenden Produkte, Baugruppen und Einzelteile für den hier betrachteten Produktionstyp einer Serienproduktion kann die Personalbedarfsermittlung nicht manuell durchgeführt werden, sondern muß systemunterstützt im Verbund mit der PPS erfolgen. Dazu muß eine anwendungsneutrale Schnittstelle zwischen der PPS und der Personalbedarfsermittlung geschaffen werden, so daß unabhängig von anwendungsspezifischen Gegebenheiten des Produktionssystems und den anbieterabhängigen Systemspezifika-

---

[42] Nach REFA /99/ ist ein Auftrag eine (mündliche oder schriftliche) Anforderung einer dazu befugten Stelle an eine andere Stelle desselben Unternehmens, eine bestimmte Aufgabe durchzuführen Zur Kennzeichnung eines Auftrages gehören mindestens die Art des Auftrags und der durchzuführenden Aufgabe sowie für Produktionsaufträge zusätzlich die geforderte Menge, Dauer und Termin sowie Vorschriften über die Art der Durchführung der Aufgabe.

[43] Es ist jedoch nicht sinnvoll, einen physischen Arbeitsplatz als Kapazitätseinheit zu definieren, da beispielsweise in einer Fließlinie mehrere physische Arbeitsplätze miteinander gekoppelt als Systemeinheit ein Produkt eigenständig herstellen können.

[44] Nach Kühnle /79/ sollte ein Produktionssystem mit Serienproduktion aufgrund der starken Orientierung des Produktionsprozesses an der Erzeugnisstruktur gemäß dem Stellenprinzip modelliert werden In der Definition der Kapazitätseinheit ist somit die erforderliche Qualifikation des Personals beinhaltet Der Qualifikationsbedarf einer Kapazitätseinheit ist daher konstant und muß somit nicht im Rahmen der Personalbedarfsermittlung in Abhangigkeit vom Arbeitsanfall ermittelt werden.

tionen des eingesetzten PPS-Systems[45] eine systemunterstützte Personalbedarfsermittlung auf Basis der aktuellen Bedarfssituation möglich wird.

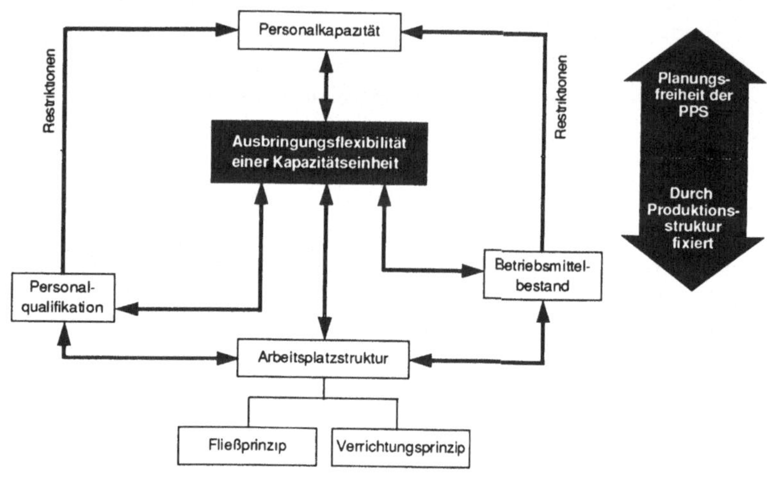


Bild 3.1-1: Abhängigkeiten der Ausbringungsflexibilität einer Kapazitätseinheit


## 3.2  Personalangebotsermittlung

Die Bedarfsorientierung des Produktionssystems muß zum einen durch die kon-
sequente Nutzung der vorhandenen Potentiale zur Kapazitätsanpassung einer
existierenden Systemkonfiguration und zum anderen durch eine mitarbeiterorientierte Gestaltung des Arbeitsablaufs sichergestellt werden. Der scheinbare Inte-
ressenkonflikt, der sich aus der unterschiedlichen Sichtweise auf das Produktionssystem aus dem Blickwinkel des Mitarbeiters einerseits und der Perspektive
der Unternehmensleitung andererseits ergibt, muß durch arbeitsorganisatorische
Maßnahmen so gelöst werden, daß die angestrebte Arbeitszufriedenheit und die
notwendige Bedarfsorientierung zielkonform zu einem bedarfs- und mitarbeiterorientierten Produktionssystem führt (vgl. Bild 3.2-1).

---

[45] Marktgängige PPS-Systeme sind durch eine unterschiedliche Abbildung von Produktstruktur,
Produktionsstruktur und Kundenbezug der Produktion für unterschiedliche Produktionstypen
konzipiert /128/.

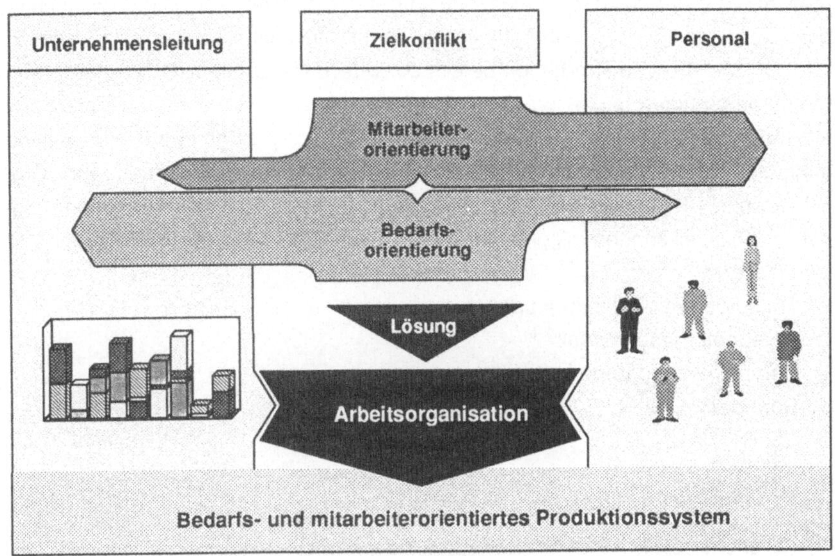


Bild 3.2-1: Bedarfs- und mitarbeiterorientiertes Produktionssystem

Ein wesentlicher arbeitsorganisatorischer Gestaltungsbereich zur Schaffung eines solchen Produktionssystems stellt die Personaleinsatzflexibilität dar. Zum einen wird dadurch eine ablauforganisatorische Flexibilität erzielt, die eine schnelle Reaktionsfähigkeit auf starke Kapazitätsschwankungen gewährleistet. Zum anderen kann dadurch in Verbindung mit der Delegation von Verantwortlichkeiten ein Freiraum zur Selbstorganisation[46] geschaffen werden, der motivationsfördernd wirkt. Die Personaleinsatzflexibilität, deren kapazitive Wirkungen hier im Mittelpunkt des Forschungsinteresses stehen, umfaßt sowohl flexible Personaleinsatzkonzepte auf Basis der Mehrfachqualifikation der Arbeitskräfte als auch flexible Arbeitszeiten .

Flexible Personaleinsatzkonzepte auf Basis der Mehrfachqualifikation der Arbeitskräfte stellen vor dem Hintergrund einer ganzheitlichen Ausrichtung der Unterneh-

---

[46] Das Prinzip der Selbstorganisation besagt, daß das Geschehen nicht von einer zentralen Stelle im Hintergrund, sondern am Ort des Geschehens durch die Sachkompetenz vor Ort organisiert wird /118/

mensabläufe hin zu einer bedarfsorientierten Produktion eine immer wichtigere arbeitsorganisatorische Maßnahme zum innerbetrieblichen Kapazitätsausgleich dar /24 ,33, 125/. Zudem haben bereits sozio-technologische Arbeitsgestaltungs-maßnahmen (job-rotation, job-enlargement und job-enrichment etc.), die praktisch eine Vorstufe der flexiblen Einsatzmodelle darstellen, gezeigt, daß leistungs- und motivationsfördernde Arbeitsstrukturen nur durch eine Erweiterung von Ent-scheidungs-, Tätigkeits- und Kontrollspielräumen geschaffen werden können (vgl /24/). Prinzipiell können folgende flexiblen Einsatzmodelle unterschieden werden:

- ❏ Teilautonome Arbeitsgruppen[47]
- ❏ Personalgruppenmodell[48]
- ❏ Komplementärgruppenmodell[49]
- ❏ Springermodell[50]

---

[47] Unter einer teilautonomen Arbeitsgruppe wird eine Gruppe von Mitarbeitern verstanden, der relativ umfängliche Arbeitsaufgaben (mit ähnlichen und verschiedenen Detailoperationen, mit der Möglichkeit des Arbeitsplatzwechsels und der selbständigen Disposition) ubertragen wer-den und die bestimmte Aspekte (Arbeitszeit, Arbeitsverteilung, Arbeitsablauf etc.) autonom regelt /24, 99/.

[48] In Anlehung an DIENSTDORF /33/ wird durch das Personalgruppenmodell die Austausch-barkeit der Personalkapazität innerhalb einer Personalgruppe beschrieben. Eine Personal-gruppe umfaßt dabei einen Pool von flexiblen Arbeitskräften, die aufgrund ablauf- und/oder arbeitsorganisatorischer Aspekte einer Gruppe von teilautonomen Arbeitsgruppen zugeordnet sind.

[49] In Anlehnung an DIENSTDORF /33/ wird bei dem Komplementärgruppenmodell der mög-liche Kapazitätsaustausch durch eine Menge von Beziehungen zwischen Personalgruppen beschrieben. Eine solche Beziehung gibt an, ob und in welchem Umfang von einer Personal-gruppe Personalkapazität an eine andere abgegeben werden kann. Besteht zwischen zwei Personalgruppen eine bilaterale Beziehung, so wird die Austauschbarkeit beidseitig beschrie-ben.

[50] Springer sind Arbeitskräfte, die hoch qualifiziert, erfahren und anpassungsfähig sind Die Organisation ihres Einsatzes geschieht personalgruppenübergreifend. Wahrend der Zeit, in der sie nicht eingesetzt werden, verrichten sie Arbeiten, die nicht an Termine gebunden sind. Springermodelle schaffen die Voraussetzung, Personalgruppen in ihrer Standardbesetzung mit weniger Personal auszustatten. Kapazitätsspitzen sowie seltene, anspruchsvolle Arbeiten können so durch Arbeitskraftreserve aus dem Springerpool abgedeckt werden. Der Springe-reinsatz bringt neben wirtschaftlichen und organisatorischen Vorteilen für den Betrieb auch soziale Vorteile für die Arbeitnehmer. Das Attribut "Springer" zu erwerben, kann durch höhe-ren Lohn und bessere Aufstiegschancen gefördert werden. Das Bewußtsein, ein "Spezialist für Arbeitsplatzwechsel" zu sein, bietet dem Springer genügend Ersatz für die entgangenen Vorteile eines festen Arbeitsplatzes (vgl. /24/).

---

Für die Anwendung der unterschiedlichen Personaleinsatzmodelle im Unternehmen gibt es kein Patentrezept sondern sie sind in Abhängigkeit von den verfügbaren Mitarbeiterpotentialen[51] sowie den Anforderungen an die Kapazitätsflexibilität[52] auszuwählen. Die Aufgabe der Personalangebotsermittlung ist es, die Personaleinsatzflexibilität in Verbindung mit der Eignung und Neigung der Mitarbeiter zu ermitteln und als Eingangsinformation für die nachgelagerte Personalzuordnung bereitzustellen.

Der Begriff Arbeitszeitflexibilität wurde im Rahmen der Humanisierung der Arbeitswelt[53] sowie der Diskussion um die menschengerechte Rationalisierung[54] geprägt. Im Gegensatz zu den bekannten starren Arbeitszeitmodellen verbergen sich hinter dem Begriff "flexible Arbeitzeiten" eine Vielzahl von Modellen, die als gleitende, variable, freie oder dynamische Arbeitszeitmodelle bezeichnet werden /11/. Gemeinsam ist all diesen Arbeitszeitmodellen, daß der Arbeitnehmer die Lage seiner Arbeitzeit relativ frei wählen kann. Eine flexible Arbeitszeitgestaltung kann durch die unterschiedliche Gestaltung der Parameter Zykluszeit, Dauer und Lage der Arbeitszeit erzielt werden (vgl. Bild 3.2-1). Die daraus resultierenden Modelle werden als flexible Arbeitszeitmodelle bezeichnet.

---

[51]  Die praktischen Erfahrungen haben gezeigt, daß bei der Wahl eines zu großen Arbeitssystems die Arbeitsorganisation nach dem Gruppenprinzip trotz höchstem Anpassungsspielraum zur Erfüllung betrieblicher Zielstellungen und weitestem Gestaltungsfreiraum zur Selbstorganisation die Individualität einzelner Mitarbeiter zwanghaft unterdrückt und den Mitarbeiter oft überfordert. Im Gegensatz dazu wird der Mitarbeiter in konventionellen, tayloristischen Organisationsformen unterfordert /124/.

[52]  Am Beispiel einer Werkstättenfertigung konnte DIENSTDORF /33/ nachweisen, daß im Falle einer Korrelation zwischen über- und unterbelasteten Werkstattbereichen das Koplementärmodell, bei fehlender Korrelation das Springermodell zu präferieren ist.

[53]  Zunehmende Gestaltung der Arbeit (d.h der Arbeitsaufgaben und der Arbeitsbedingungen) als menschenwurdiger Lernbereich, in dem die Arbeitenden auch in Form von Selbst- und Mitbestimmung über die Arbeit verfügen können.

[54]  Arbeitgeber bezwecken mit flexiblen Arbeitszeiten eine bessere Anpassung der Personalkapazität an den zeitlich schwankenden Kapazitatsbedarf und eine Ausdehnung der Betriebszeiten zu erreichen Damit verbunden ist das Ziel, Lagerproduktion und Uberstunden sowie andere kostenintensive Maßnahmen zur Kapazitatsanpassung zugunsten einer weitgehend kostenneutralen Flexibilisierung einzuschränken Dieses Vorhaben gewinnt um so mehr an Bedeutung, als eine Arbeitszeitflexibilisierung gleichzeitig den Arbeitnehmern eine größere Selbstbestimmung über Dauer und Lage ihrer Arbeitszeit bieten kann (vgl /55/)

|  | konventionell | neue Formen |
| --- | --- | --- |
| **Zykluszeit** | Tag | Tag, Woche, Monat, Jahr |
| **Dauer** | 8 Stunden | Vollzeit-, Teilzeitarbeit |
| **Lage** | Tagarbeit, starre Schichtorganisation | flexible Schichtorganisation |
| **Flexibilität** | fix | gleitend, variabel, frei, dynamisch |

Bild 3.2-1:   Parameter zur Gestaltung flexibler Arbeitszeitmodelle (in Anlehnung an KNAUTH /72/)

Als Gründe für die Einführung flexibler Arbeitszeiten werden in der Literatur als Ergebnis von Umfragen in Unternehmen unterschiedlicher Branchen einheitlich folgende Motive genannt /70/:

❑ Erweiterung des Autonomie- und Freizeitgewinns der Arbeitnehmer,
❑ Werbemittel auf dem Arbeitsmarkt,
❑ Rationalisierungspotentiale des Arbeitseinsatzes.

Flexible Arbeitszeitmodelle verfolgen danach humane, ökonomische sowie organisatorische Ziele. Als Voraussetzung für eine bedarfs- und mitarbeiterorientierte Produktion ist der Einsatz flexibler Arbeitszeitmodelle daher unentbehrlich. In der vorliegenden Arbeit soll o.B.d.A. von einem Arbeitszeitmodell ausgegangen werden, wonach der Arbeitszeitrahmen eines Mitarbeiters in Form der Zykluszeit und Arbeitszeitdauer in einer gemeinsamen Zielvereinbarung zwischen Mitarbeiter und Vorgesetzten festlegt wird und die Lage der Arbeitszeit innerhalb einer teilautonomen Arbeitsgruppe frei vereinbart werden kann. Vor diesem Hintergrund entsteht die Anforderung an die Personalangebotsermittlung auf Basis der Zykluszeit und Arbeitszeitdauer den Anwesenheitsplan je Mitarbeiter und Planperiode für die Personalzuordnung aufzubereiten.

Zusammenfassend läßt sich festhalten: Die Struktur und die Zusammensetzung des Personalangebots wird für den Personaldisponenten aufgrund erforderlicher Maßnahmen zur Personaleinsatzflexibilisierung immer vielseitiger und intransparenter. Vor diesem Hintergrund muß eine Systematik entwickelt werden, die einerseits die Eignung und Neigungen des Personals für die zu besetzenden Arbeitsgruppen erfaßt und andererseits die zeitliche Verfügbarkeit der Mitarbeiter sowie deren zeitliche und örtliche Flexibilitätspotentiale für den Planungsprozeß aufbereitet. Erst durch eine gezielte Aufbereitung wird aus den vielen Einzelinformationen eine Informationsbasis für eine formalisierte Planung der Personalzuordnung geschaffen.

## 3.3      Personalzuordnung

Die Aufgabe der Personalzuordnung liegt in der Zuordnung des verfügbaren Personals zu organisatorischen Einheiten (Produktionsbereichen, Arbeitsgruppen). Mit Blick auf die anfallenden Arbeitsaufgaben und dem damit verbundenen Personalbedarf sowie dem verfügbaren Personalangebot stellt sie das Bindeglied zwischen Personalbedarfsermittlung und Personalangebotsermittlung dar. In der bedarfsorientierten Produktion, wo neben einer Varianz des Personalangebots gravierende Kapazitätsnachfrageschwankungen auftreten können, nimmt die Zuordnungsfunktion eine kapazitive Anpassungssfunktion wahr, wobei kapazitätsorientierte Zielstellungen wie

❑  Bedarfsdeckung
❑  Personalkapazitätsauslastung

und mitarbeiterorientierte Zielstellungen wie

❑  Eignungsdeckung
❑  Neigungsdeckung

beeinflußt werden. Damit wird der Zielraum zur Personalzuordnung durch kapazitäts- und mitarbeiterorientierte Zielstellungen beschrieben (vgl. Bild 3.3-1).

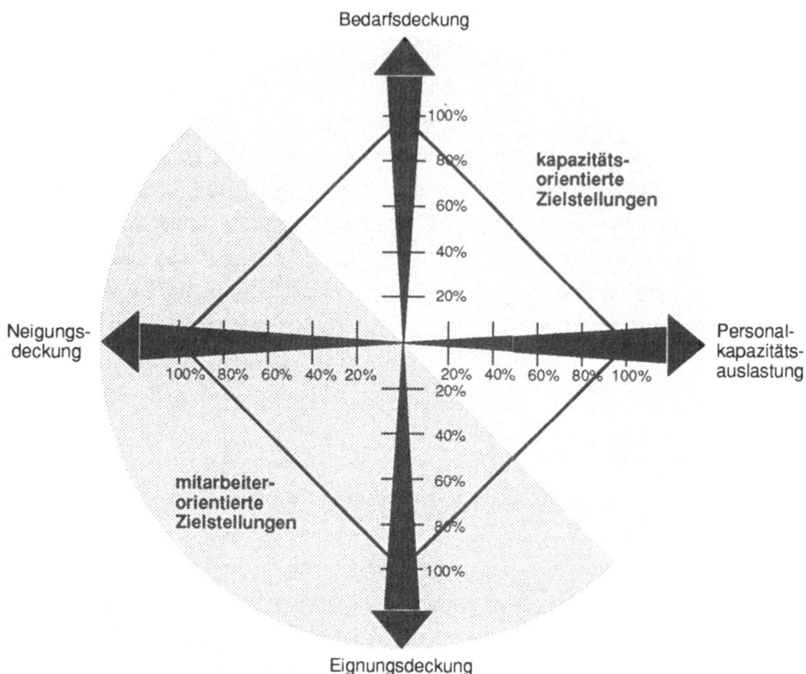


Bild 3.3-1:    Kapazitäts- und mitarbeiterorientierter Zielraum der Personalzuordnung

Zur Ermittlung einer Personalzuordnung, die den vorgegebenen Zielraum entsprechend der aktuellen Planungssituation optimal erfüllt, können in Anlehnung an /33, 49, 116/ verschiedene Planungsfunktionen[55] angewendet werden (vgl. Bild 3.3-2). Vor dem Hintergrund der Wirksamkeit stellen die Ausgleichs- und Überbrückungsfunktion Planungsfunktionen dar, die eine bereichsübergreifende intensitätsmäßige Anpassung der Personalkapazität zum Ziel haben. Die Optimie-

---

[55] Unter Planungsfunktionen sollen hier Maßnahmen und Verfahren verstanden werden, mit denen der Personaleinsatz so geplant werden kann, daß der geforderte Zielraum optimal erfüllt werden kann.

rungsfunktion als nachgelagerte Planungsfunktion legt den Personaleinsatz innerhalb eines Produktionsbereichs fest. Im einzelnen können die Planungsfunktionen wie folgt charakterisiert werden:

❑ Im Rahmen der Ausgleichsfunktion sollen bereichsübergreifend quantitative und qualitative Personalüber- und unterdeckungen auf Basis des Komplementärgruppenmodells gelöst werden.

❑ Im Rahmen der Überbrückungsfunktion sollen Fehlzeiten, Urlaub oder Krankheit durch den Einsatz von Springern überbrückt werden.

❑ Die Optimierungsfunktion ermittelt durch Variation der Einsatzzeit und des Einsatzorts der Mitarbeiter die optimale Personalzuordnung für einen Produktionsbereich.

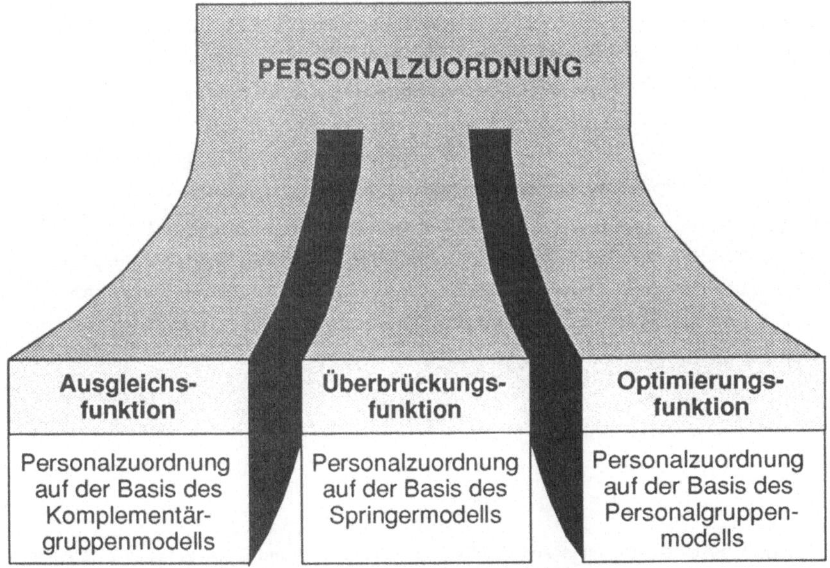


Bild 3.3-2:    Planungsfunktionen der Personalzuordnung

Gemäß diesem Planungsansatz wird die Aufgabe der Personalzuordnung in drei Planungsfunktionen dekomponiert. Prinzipiell wäre auch eine simultane Planung denkbar. Sie ist aus anwendungsorientierter Sicht jedoch nicht möglich. Zwar gibt es theoretische Ansätze, die in eine derartige Richtung gehen, doch sind die entsprechenden Planungsmodelle so umfangreich, daß die rechnerische Lösung unmöglich ist und auch die notwendigen Daten nicht mit vertretbarem Aufwand und hinreichender Genauigkeit ermittelt werden können /55/.

Zur optimalen Erfüllung des aufgestellten Zielraums müssen die drei Planungsfunktionen in Abhängigkeit von der aktuellen Personalbedarfs- und Personalangebotssituation eingesetzt werden. Vor dem Hintergrund, daß nicht jede Planung gleich zum optimalen Ziel führt, ergibt sich unter Umständen die Notwendigkeit für einen iterativen Planungsverlauf. Die Praktikabilität des Planungsverfahrens muß durch eine Begrenzung des Iterationsumfangs sichergestellt werden. Der Umfang des Iterationsbedarf ist abhängig von der geeigneten Auswahl der Planungsfunktionen während des Planungsprozesses. Prinzipiell werden hierzu in der Literatur zwei Vorgehensweisen nämlich die regelbasierte[56] und die interaktive[57] Vorgehensweise beschrieben. In der vorliegenden Arbeit soll die Auswahl der Planungsfunktionen im Planungsverlauf benutzernah, d.h. interaktiv durchgeführt werden.

In der betrieblichen Praxis ist eine Personalzuordnung in der oben beschriebenen Art und Weise im Sinne eines geordneten, informationsverarbeitenden Prozesses, mit dem der Personaleinsatz zum Zwecke der Erreichung vorgegebener Ziele vorausschauend festgelegt wird, aufgrund einer fehlenden Systemunterstützung nicht anzutreffen /13/. Daher soll in der vorliegenden Arbeit ein Verfahren entwickelt werden, das unter Berücksichtigung von kapazitäts- und mitarbeiterorientierten Zielstellungen den Personaleinsatz fomalisiert plant.

---

[56] Regeln bestehen allgemein aus der Regelspezifikation, einem Bedingungteil und einem Aktionsteil. Die Regelspezifikation beschreibt den Gültigkeitsbereich der Regel Der Bedingungsteil setzt sich aus der Auswahl von zu beurteilenden Kennzahlen sowie den regelspezifischen Ausprägungen der ausgewählten Kennzahlen zusammen. Der Aktionsteil beschreibt durchzuführende Aktionen, sofern der zugehörige Bedingungsteil erfüllt ist /48/.

[57] Bei der interaktiven Vorgehensweise erfolgt die Auswahl nicht nach vordefinierten Regeln sondern interaktiv durch den Planer auf der Basis seines Erfahrungswissens.

# 4. Stand der Technik

Da keine den beschriebenen Untersuchungsbereich direkt betreffende Lösungen bekannt sind, sollen in diesem Kapitel die wesentlichen Arbeiten aus Forschung und Praxis, die sich mit den angesprochenen Teilthemen befassen, diskutiert werden. In diesem Kapitel werden deshalb Arbeiten untersucht, die sich mit der Personalbedarfs- und Personalangebotsermittlung sowie der Personalzuordnung auseinandersetzen. Zusätzlich werden Arbeiten zum Thema Optimierungsverfahren zur Lösung des allgemeinen Zuordnungsproblems behandelt. Hierbei gilt es herauszuarbeiten, welches der bekannten Verfahren am geeignesten für die Personalzuordnung, dem Kernstück der mittelfristigen Personalkapazitätsanpassung, ist.

## 4.1 Personalbedarfsermittlung

Die Aufgabe der Personalbedarfsermittlung ist es, die Gesamtheit der Arbeitskräfte, die zur Wahrnehmung der anfallenden betrieblichen Aufgaben benötigt werden, zu ermitteln und auszuweisen /3, 11, 39/. Der Personalbedarfsausweis kann dabei entweder als eine Gesamtzahl oder in einer aussagekräftigeren Form als ein Aggregat (Zahlen-Tupel) von Teilpersonalbedarfen angegeben werden. Die Differenzierung der Personalteilbedarfe kann an zeitlichen (für einen bestimmten Zeitpunkt bzw. eine Abfolge von Zeitpunkten) und/oder qualitativen (ausgedrückt durch Anforderungsprofile) und/oder örtlichen (ausgedrückt durch eine Bereichs- bzw. Arbeitsplatzstruktur) und/oder quantitativen Aspekten festgemacht werden /3, 16, 33, 71, 86, 134/. Geht man davon aus, daß die mittelfristige Personalkapazitätsanpassung hauptsächlich mit der Maßnahmenebene der Bereitstellung von Personal in Zusammenhang steht, so ergibt sich die Anforderung den Personalbedarf hinsichtlich aller vier Kriterien zu beschreiben. Der Personalbedarf spielt somit die Rolle einer Rahmenbedingung, anhand der die Maßnahmen der Personalangebotsermittlung und der Personalzuordnung ausgerichtet sein müssen.

Hinsichtlich der Ermittlung des Personalbedarfs können zwei Grundformen unterschieden werden: die stochastische und die deterministische Personalbedarfsermittlung /75/. Stochastische Personalbedarfe sind Zufallsvariable, die aus zufallsabhängigen Bestimmungsfaktoren abgeleitet werden. Die Personalbedarfsermittlung erfolgt hierbei durch die Berechnung von Wahrscheinlichkeiten (Dichte- und Verteilungsfunktionen) entsprechend dem Vorgehen bei Delphi-Prognosen /18, 122/ oder über gesamtwirtschaftliche Bedarfsbetrachtungen mit Hilfe der System Dynamics-Methode /20/. Die stochastische Personalbedarfsermittlung stellt damit ein Planungsinstrument für die langfristige Personalbedarfsprognose dar.

Der deterministische Personalbedarfsrechnung liegt die Idee zugrunde, daß die Arbeitszeit, die von den Arbeitskräften eines Unternehmens in einer Periode zur Verfügung zu stellen ist, gleich der Summe der Arbeitszeit sein muß, die zur Erledigung sämtlicher betrieblicher Aufgaben in der betreffenden Periode benötigt wird. Die deterministische Personalbedarfermittlung geht daher von einwertigen oder quasi-einwertigen Erwartungen bezüglich der Determinaten des Personalbedarfs[58] aus. Voraussetzung für die deterministische Bedarfsermittlung ist daher eine Methode, die einen direkten Zusammenhang zwischen Arbeitsaufgabe und dem daraus resultierenden Personalbedarf ermöglicht. Dieser Zusammenhang wird im wesentlichen durch die folgenden Determinaten bestimmt:

❑ die technisch-organisatorische und intensitätsmäßige Gestaltung des Produktionsprozesses einschließlich der spezifischen Rahmenbedingungen,

❑ Umfang, Struktur und zeitliche Verteilung der Prozeßdurchführung für den betrachteten Zeitraum (Leistungsprogramm),

❑ der menschliche Leistungsbeitrag (Arbeitsproduktivität), der in der Arbeitsintensität, die ihrerseits von der Qualifikation und Motivation der Arbeitskräfte abhängt, und der zur Verfügung gestellten Arbeitszeit zum Ausdruck kommt.

Die Höhe und Art des Personalbedarfs wird aus dem Quotienten Produktionsprogramm und Arbeitsproduktivität ermittelt. Ergebnis ist der sogenannte Arbeitsplatzbedarf, der die Arbeitszeit pro Arbeitsplatz zur Erfüllung des Leistungspro-

---

[58] Unter Determinaten des Personalbedarfs sind Größen zu verstehen, die Einfluß auf Umfang und Struktur des Personalbedarfs haben. Als Ergebnis einer Literaturrecherche nennt BEYER /5/ die vier Gruppen von Determinaten (Arbeitsaufgabe, Arbeitsbedingungen, Arbeitsmittel und Arbeitsergebnis) durch die sich die Leistungsfähigkeit der Arbeitskräfte in bezug auf eine konkrete Aufgabe ergibt. Dementsprechend sind diese Determinaten bei der Ermittlung des Personalbedarfs in die Betrachtung mit einzubeziehen.

gramms pro Planperiode angibt. Dividiert man den Arbeitsplatzbedarf durch die Arbeitszeit, die eine Arbeitskraft in der Betrachtungsperiode zur Verfügung steht, so erhält man den Gesamtpersonalbedarf als Durchschnittsbedarf der betrachteten Periode.

In der Literatur werden eine Vielzahl von Methoden zur Berechnung des Personalbedarfs vorgeschlagen, die sich in Abhängigkeit des betrachteten Produktionsprozeß in der Form des Leistungsprogramms und der Arbeitsproduktivität unterscheiden. Grundsätzlich können die Methoden zur Personalbedarfsermittlung abhängig davon ob der Personalbedarf explizit über Bewegungsgrößen /36, 67/ oder implizit über Bestandsgrößen[59] /40, 103/ ausgedrückt wird, unterschieden werden /74/. Abhängig von der Form des Leistungsprogramms wird die Arbeitsproduktivität definiert. Für Bedarfsermittlungsmethoden mit Hilfe von Bewegungsgrößen entspricht die Arbeitsproduktivität dem erzielten bzw. dem erzielbaren Arbeitsergebnis[60] pro Arbeitszeiteinheit. Wird das Leistungsprogramm durch Bestandsgrößen zum Ausdruck gebracht so entspricht die Arbeitsproduktivität Bedienungs- bzw. Besetzungskoeffizienten. Durch sie kann beschrieben werden welche Arbeitsplätze pro Planperiode in welchem zeitlichen Umfang besetzt, bedient oder gewartet werden müssen.

Zusammenfassend läßt sich feststellen: Die grundsätzlichen Methoden zur Personalbedarfsermittlung sind schon seit einigen Jahren erforscht. Die erfolgreiche Anwendung dieser Methoden in der betrieblichen Praxis bleibt jedoch aus. Gründe dafür sind zum einen in der fehlenden anwendungsspezifischen Aufbereitung der verfügbaren Methoden, die sowohl eine quantitative, qualitative, zeitliche und örtliche Personalbedarfsermittlung ermöglicht, zum anderen in der fehlenden Integration in ein ganzheitliches Gesamtkozept zur Personalplanung zu sehen.

---

[59] Bestands- und Bewegungsgroßen unterscheiden sich durch ihr unterschiedliches Verhaltnis zur Zeit. Wahrend Bewegungsgrößen die Arbeitsaufgabe durch Arbeitszeiten pro Produkteinheiten beschreiben, legen Bestandgrößen die Leistungserbringung durch Bedienungsverhältnisse fest.

[60] Zur Bestimmung des Arbeitsergebnisses werden nicht nur die Grundzeiten für die Erledigung der eigentlichen Arbeitsaufgabe berucksichtigt, sonderen es fließen auch sogenannte Verteilzeiten wie ablaufbedingte Wartezeiten, Zeiten fur Nebentätigkeiten und Erholungszeiten mit ein. Eine detaillierte Darstellung zur Ermittlung der Vorgabezeiten gibt REFA /99/.

## 4.2       Personalangebotsermittlung

Zur Aufbereitung des qualitativen Personalangebots für bestimmte Arbeitsaufgaben bzw. die zu besetzenden Arbeitsplätze wird in der Regel eine sogenannte
Bewertungsmatrix aufgestellt (vgl. /86, 134/). In dieser Matrix wird das Qualifikationsprofil einer Arbeitskraft hinsichtlich dem Anforderungsprofil eines Arbeitsplatzes über einen Zuordnungswert[61] bewertet. Während bei ZÜLICH /134/ in
dieser Bewertungsmatrix nur die Fähigkeitsmerkmale des Personals den Anforde-
rungsmerkmalen der einzelnen Arbeitsplätze gegenübergestellt werden, können bei
MEIRITZ /86/ durch die Einführung von Eignungskoeffizienten neben den Fähigkeiten auch die Fertigkeiten des Personals berücksichtigt werden. Zur Ermittlung
der Anforderungen eines Arbeitsplatzes werden in der Literatur summarische und
analytische Methoden zur Arbeitsbewertung[62] vorgeschlagen. Analog zur Arbeitsbewertung existieren summarische und analytische Methoden zur Mitarbei-
terbeurteilung (vgl. /68/).

Für die Erfassung der quantitativen, zeitlichen und örtlichen Verfügbarkeit des
Personals werden in der Literatur Personalbewegungsmatrizen vorgeschlagen.
Diese Matrizen stellen eine sehr sinnvolle Form dar, um sowohl unternehmens-
interne Veränderungen (Versetzung, Weiterbildung etc.) als auch unternehmens-
übergreifende Veränderungen (Einstellung, Freisetzung etc.) des Personalangebots pro Planperiode darzustellen. Dazu wird in den Matrixzeilen der Verbleib des
in Planperiode t-1 und in den Matrixspalten die Herkunft des in Planperiode t
verfügbaren Personalangebots abgebildet. Zudem werden in der Literatur Methoden zur Ermittlung des quantitativen Personalangebots für die langfristige globale
Schätzung des Personalbestands beschrieben. Dabei handelt es sich um Markoff-
Ketten-Modelle /43/ sowie erneuerungstheoretische Modelle /65/ die das quantitative Personalangebot über Zufallsvariablen ermitteln.

---

[61]  Prinzipiell lassen sich zwei Arten von Zuordnungswerten unterscheiden, nämlich Eignungswerte und Abweichungswerte. Eignungswerte sind das Ergebnis einer Zuordnungsbewertung
mit Hilfe eines Eignungsmaßes, welches die Vorteilhaftigkeit von Zuordnungen mißt. Abweichungswerte sind dagegen das Ergebnis einer Zuordnungsbewertung mit Hilfe eines Ab-
weichungsmaßes, welches die Unvorteilhaftigkeit von Zuordnungen mißt.

[62]  Die summarische Arbeitsbewertung untersucht und beurteilt die Arbeitsaufgabe als Ganzes,
d.h. die Arbeitsschwierigkeit wird durch gesamthaftes Schätzen der Arbeitsanforderung bewertet. Bei der analytischen Arbeitsbewertung wird hingegen die Arbeitsschwierigkeit nach
verschiedenen Anforderungsarten wie z B Arbeitsqualität, Arbeitssorgfalt und Arbeitssicher-
heit bewertet.

Zusammenfassend bleibt festzustellen, daß in der Literatur wesentliche Basis-
bausteine für eine formalisierte Personalangebotsermittlung beschrieben sind.
Diese beziehen sich jedoch schwerpunktsmäßig auf den langfristigen Pla-
nungsaspekt. Der hier dargestellte Untersuchungsbereich des mittelfristigen Pla-
nungsaspekts mit dem Schwerpunkt Personaleinsatzflexibilität kann mit den beschrieben Verfahren nicht gelöst werden. Zwar sind die quantitativen, qualitativen,
zeit- und örtlichen Flexibilitätspotentiale des Personals in der Literatur /3, 11, 55,
115/ ausführlich dargestellt. Die Aufbereitung dieser Flexibilitätspotentiale in ein
zeitdynamisches Modell als Voraussetzung für eine formalisierte Personalangebotsermittlung steht jedoch noch aus.


## 4.3      Personalzuordnung

Die Aufgabe der Personalzuordnung liegt in der Ermittlung einer zieladäquaten,
wechselseitigen Zuordnung von Sachaufgaben[63] und Mitarbeitern, entsprechend
den Fähigkeiten und Fertigkeiten der Mitarbeiter sowie den Anforderungen der
Sachaufgaben /35, 37, 59, 86, 134/. Planungsobjekt der Personalzuordnung ist
somit immer die Besetzung von Arbeitsplätzen durch Mitarbeiter. Die übliche
Problemformulierung geht davon aus, daß eine bestimmte Anzahl von Arbeitsplätzen mit einer im einfachsten Fall gleichgroßen Anzahl von Arbeitskräften besetzt werden sollen. Das Ziel der Personalzuordnung besteht darin die Arbeitskräfte so auf die Arbeitplätze zu verteilen, daß eine optimale Zuordnung erfolgt.
Das Personalzuordnungsproblem (personnel assignement problem /92/) repräsentiert damit eine spezielle Gruppe der in zahlreichen Disziplinen anfallenden
Zuordnungsprobleme[64].

Der Schwerpunkt der in der Literatur dargestellten Arbeiten liegt dabei auf der
Methodik, d.h. der Ermittlung einer zieladäquaten Zuordnung, die in der Regel in
zwei Schritten beantwortet wird: Erster Schritt ist die Ermittlung der Zuordnungs-
kriterien, der zweite Schritt ist die Ermittlung der gesuchten Zuordnung. Fähig-

---

[63]   Eine Sachaufgabe wird entweder durch eine Tätigkeit oder einen Arbeitplatz beschrieben. Für
den hier betrachteten Untersuchungsbereich der Serienproduktion soll die Sachaufgabe
durch einen Arbeitsplatz beschrieben werden /3/

[64]   Erstmals wurde das Zuordnungsproblem von HITCHCOCK /64/ als Sonderform des Transportproblems behandelt.

keits- und Fertigkeitsstruktur sowie die Anforderungsstruktur als Informationsbasis der Personalzuordnung werden hierbei als gegeben vorausgesetzt (vgl. Kapitel 4.2). Die entstandenen Lösungen für das Personalzuordnungsproblen können in drei Gruppen klassifiziert werden:

- ❏ Zuordnung auf Basis einer festen Zuordnungsstrategie /28, 30, 52, 57/

- ❏ Zuordnung auf Basis von Eignungsgraden /23, 37, 59, 71, 86, 134/

- ❏ Zuordnung auf Basis von quantitativen Kriterien /26, 33, 35, 37, 83/

Verfahren zur Personalzuordnung auf Basis einer festen Zuordnungsstrategie stellen in erster Linie Rangfolgenverfahren dar. Je nach Priorität werden die Zuordnungen gemäß einer erstellten Rangfolge getroffen. Diese Rangfolge kann beispielsweise so bestimmt werden, daß jede Spezialbegabung an den Arbeitsplätzen eingesetzt wird, für die sie am besten geeignet ist, oder man teilt die Arbeitsplätze den jeweils am besten geeigneten Mitarbeitern zu /52, 57/. Rechnerisch stehen für solche Personalzuordnungsstrategien heuristische Zuordnungsverfahren[65] wie z.B. die Nordwesteckenregel[66] , Zeilen- bzw. Spaltenminimumregel[67] oder die Vogel`sche Approximationsmethode[68] zur Verfügung. Neben

---

[65]  Geht man von einer quadratischen Zuordnungsmatrix aus, wobei die Kopfzeilen bzw die Kopfspalten die noch zu verplanenden Arbeitsplätze bzw. Mitarbeiter enthalten und die Matrxelemente die quantifizierten Qualifikationsdefizite eines Mitarbeiters für einen Arbeitsplatz beschreiben, so kann das Zuordnungsproblem über einfache heuristische Verfahren gelöst werden. Heuristische Verfahren bestehen aus bestimmten Vorgehensregeln zur Lösungsfindung, die hinsichtlich des angestrebten Ziels und unter Berücksichtigung der Problemstruktur als sinnvoll, zweckmäßig und erfolgversprechend erscheinen aber nicht immer die optimale Lösung ergeben/92/. Heuristische Verfahren werden dann angewandt, wenn die Problemstellung exakten Verfahren nicht zugänglich ist oder der zur exakten Lösung des Problems erforderliche Rechenaufwand nicht vertretbar ist.

[66]  Die Nordwesteckenregel als einfachste Zuordnungsheuristik beginnt immer in der Nordwestecke der Zuordnungsmatrix bei Zeile 1 und Spalte 1 mit der Zuordnung, sucht dann zeilenweise weiter für Mitarbeiter 2 bis Mitarbeiter m noch freie Arbeitsplätze. Das Zuordnungsergebnis impliziert keine Zuordnungsstrategie.

[67]  Die Zeilenminimum- bzw Spaltenminimumregel läßt sich bei geeigneter Anordnung der Mitarbeiter (1,..,m) als Verfahren interpretieren, das für jeden Mitarbeiter den Arbeitsplatz bestimmt, für den er am besten geeignet ist. Die Matrixminimierungsregel ist eine Vorgehensweise nach der Richtlinie "jede Spezialbegabung an ihren Arbeitsplatz". Dabei beginnt man mit der Zuordnung bei dem kleinsten in der Matrix vorkommenden Wert.

diesen Verfahren stehen in der Literatur noch Derrivate der hier vorgestellten Verfahren zur Verfügung die zumeist problemspezifisch entwickelt wurden und nicht ohne weiteres auf die hier betrachtete Problemstellung übertragbar sind. Zusammenfassend läßt sich festhalten, daß Zuordnungsverfahren mit fester Zuordnungsstrategie nicht notwendigerweise die gesamtoptimale Zuordnung liefern. Zum einen wird bei diesen Verfahren die Qualifikation der Mitarbeiter nur rudimentär abgebildet, zum anderen liefern die Verfahren aufgrund ihrer einseitigen Optimierungsstrategie nur für einen Teil der Belegschaft eine optimale Arbeitsplatzzuordnung /87/.

Die Verfahren zur Personalzuordnung auf Basis von Eignungsgraden stellen eine Erweiterung des klassischen Problemansatzes dar. Hierbei tritt der rein qualitative Aspekt in den Vordergrund, da eine einheitliche kardinale Feststellung[69] der Eignung[70] nicht möglich ist. Als Ersatzkriterien werden in der Literatur Eignungsgrade vorgeschlagen, die entweder auf subjektiver Experteneinschätzungen beruhen (summarische Arbeitsbewertung) oder explizit aus den Anforderungsprofilen von Arbeitsplätzen und aus den Qualifikationsprofilen der Arbeitskräfte abgeleitet werden (analytische Arbeitsbewertung). Ziel dieser Personalzuordnung ist es, die Qualifikationen des Personals und die Anforderungen der Arbeitsplätze optimal aufeinander abzustimmen. Die optimale Zuordnung ist dann gegeben, wenn ein Maximum des Gesamtwertes der Eignung der Arbeitskräfte erreicht ist.

---

68  Die Vogel`sche Approximationsmethode liefert eine Lösung des Zuordnungsproblems, die in der Regel besser ist, als die der bisher angeführten Verfahren. Hierbei richtet sich die Reihenfolge, in der die Zuordnungen getroffen werden, an einem für jede Zeile und Spalte ermittelten Straffaktor. Diesen Straffaktor ermittelt man, indem man das kleinste (größte) in jeder Zeile (Spalte) vorkommende Element vom nächstgrößten in derselben Zeile (Spalte) vorkommenden abzieht. Innerhalb der Zeile oder Spalte, die den höchsten Straffaktor besitzt, wird nun diejenige Zuordnung getroffen, die den kleinsten (größten Wert) besitzt. Zur genauen Vorgehensweise der Vogel`schen Approximationsmethode siehe TAHA /111/.

69  Zur Beschreibung eines Eignungsgrades können Merkmale herangezogen werden, die durch quantifizierbare (meßbare) und nicht quantifizierbare Ausprägungen beschrieben werden können. Versteht man unter Messung die Zuordnung von Zahlen zu Objekten gemäß einer definierten Regel, so können alle Merkmalsausprägungen eines Eignungsgrades quantifiziert werden. Dazu können ordinale und kardinale Informationen simultan berücksichtigt werden. Die Intervalldimensionierung erfolgt dabei durch kardinale Großen Gleichzeitig sind durch die Intervallänge und ihren Einfluß auf die Optimierungsfunktion ordinale Aussagen über Zuordnungspräferenzen implizit möglich.

70  Der Abstimmungsgrad, der zwischen den Qualifikationen bzw Fähigkeiten der Arbeitskräfte einerseits und den Anforderungen der Arbeitsplatze andererseits, besteht, wird als Eignung bezeichnet.

Mit diesem Ansatz beschäftigt sich überwiegend die jüngere Literatur. Die Zuordnungsentscheidung kann hier nur anhand mehrerer Bewertungskriterien getroffen werden (Multi-Criteria-Decision Making[71] ).

Die Verfahren dieses Problembereich dienen in erster Linie zur Maximierung der Übereinstimmungskoeffizienten zwischen Mitarbeiterqualifikation und Anforderungsprofil des Arbeitsplatzes /86, 134/. Das eigentliche Personalzuweisungsproblem wird bei den eignungsorientierten Modellen in der Regel mit Methoden der linearen Programmierung wie beispielsweise die ungarische Methode[72] und die Ford-Fulkerson Methode[73] gelöst. Hierbei gibt der verwendete Eigungskoeffizient an, inwieweit die Arbeitsanforderungen eines Arbeitsplatzes mit den Qualifikationen eines Mitarbeiters übereinstimmen. Über die Formulierung von Nebenbedingungen besteht die Möglichkeit zwischen solchen Mitarbeitern, die eingesetzt werden müssen und solchen die eingesetzt werden können, sowie zwischen Arbeitsplätzen, die besetzt werden müssen und solchen die besetzt werden können, zu unterscheiden. Diese Unterscheidung ist sehr aufwendig, da bei Veränderungen im Zeitverlauf neue Nebenbedingungen aufzustellen sind. Diesem Modell liegt daher in der Regel eine zeitunabhängige bzw. langfristige Betrachtung zugrunde. Die Mitarbeiter werden einem Arbeitsplatz einmalig zugeordnet, wobei eventuelle Qualifikationsdifferenzen über geeignete Fort- und Weiterbildungsmaßnahmen eliminiert werden sollen.

Zusammenfassend läßt sich festhalten: Mit Hilfe der in der Literatur beschriebenen Modelle und Methoden der Personalzuordnung kann auf Basis von Eignungsgraden, ausgehend von einem qualitativ differenzierten Personalbedarf und

---

[71]  Multi-Crieteria-Decision-Making steht für Optimierung bei mehrfacher Zielsetzung. Eine allgemeine Beschreibung dieses Planungsproblems gibt Blin /10/.

[72]  Die ungarische Methode wurde von Kuhn /78/ entwickelt und von Flood /45/ in ein spezielles Lösungsverfahren für Zuordnungsprobleme ausgebaut. Aufbauend auf diesem Basisverfahren entstanden eine Reihe von Lösungsverfahren für das qualitative Personalzuordnungsproblem /31, 71, 134/. Die ungarische Methode findet in erster Linie bei kleineren Problemen der Arbeitsplatzbesetzung, im Sinne der langfristigen Mitarbeiterauswahl, Anwendung. Für große kombinatorische Probleme der Personaleinsatzplanung kommt die ungarische Methode aber nicht in Betracht, da zu viele Rechenschritte nötig sind.

[73]  Neben der ungarischen Methode findet die Ford-Fulkerson Methode bei der qualitativen Personaleinsatzplanung Anwendung. Hierbei wird das vorliegende Zuordnungsproblem als Sonderform des Transportproblems verstanden /47/. Diese Methode ist geeignet mit wenigen Rechenschritten die optimale Lösung des Zuordnungsproblems zu liefern.

einem qualitativ differenzierten Personalangebot, eine zulässige Personalzuordnung nur dann ermittelt werden, wenn für jede beliebige Zusammenfassung der Teilpersonalbedarfe ausreichend viele Arbeitskräfte zur Verfügung stehen. Die qualitative Personalzuordnung nimmt damit eine reine Zuordnungsfunktion wahr. Eine Kompensationsfunktion mit Blick auf zeitlich unterschiedlich anfallenden Arbeitsaufgaben leisten die bekannten Verfahren nicht.

Bei der Personalzuordnung auf Basis quantitativer Kriterien werden alle Mitarbeiter hinsichtlich der anfallenden Arbeitsaufgaben als gleichwertig betrachtet. Das Personalzuordnungsproblem besteht darin, Personal und Arbeitplätze so miteinander zu kombinieren, daß die zur Verfügung stehende Personalkapazität im Leistungsprozeß möglichst bedarfsorientiert eingesetzt wird. Hierbei wird der Arbeitsumfang eines Arbeitsplatzes durch den Kapazitätsbedarf an einer entsprechend qualifizierten Arbeitskraft festgelegt. Aufgabe der quantitativen Personalzuordnung ist es, die sich aus den Kundenaufträgen bzw. dem Produktionsprogramm ergebende Kapazitätsnachfrage unter Wahrnehmung der Unternehmensziele durch ein flexibles Kapazitätsangebot zu harmonisieren[74]. Die quantitative Personalzuordnung wird daher in der Regel zeitdynamisch, d.h. über mehrere Planungsperioden durchgeführt.

Da als Formalziel der PPS die Minimierung der entscheidungsrelevanten Produktionskosten[75] /41/ verfolgt wird, versuchen die in der Literatur dargestellten Lösungen /33, 37, 83, 35/ abhängig vom Kunden- bzw. Programmbedarf die entstehenden Produktionskosten durch eine optimale Personalverteilung zu minimieren. Unter der Vorteilhaftigkeit einer Zuordnung bzgl. der quantitativen Personalzuordnung ist nun derjenige Beitrag zu verstehen, den der Einsatz einer Arbeitskraft pro Periode zur Unternehmenszielerfüllung unter Berücksichtigung der dadurch entstehenden Kosten beiträgt. Vorgegebene Produktionsmengen, Bearbeitungsreihenfolgen, rechtliche Belange der Mitarbeiter usw. können über Nebenbedingungen berücksichtigt werden. Sie müssen in der Regel jedoch für

---

[74] Dienstdorf /33/ hat nachgewiesen, daß durch einen flexiblen Personaleinsatz betriebliche Kenngrößen wie Durchlaufzeit der Aufträge, Auslastung der Maschinenkapazitäten, Lieferservice, Kapitalbindungsquote und die Liquiditatslage optimiert werden können.

[75] Nach Wöhe /126/ setzen sich die Produktionskosten nach Art der verbrauchten Produktionsfaktoren aus Personalkosten, Sachkosten, Kapitalkosten, Dienstleistungskosten und Kosten für Steuern, Gebühren und Beiträge zusammen Diese Gliederung wird in der Literatur beliebig verfeinert

spezifische Anwendungen jeweils problemgerecht aufgestellt werden. Als Kritik-
punkt gegenüber den verfügbaren Verfahren zur quantitativen Personalzuordnung
ist zum einen anzumerken, daß die erforderlichen Informationen hinsichtlich der
Kostenstruktur in der betrieblichen Praxis oft fehlen und Kosten nicht immer direkt
zurechenbar sind. Zum anderen gehen diese Verfahren von einem vereinfachten
Personalmodell aus und berücksichtigen nicht die tatsächliche Komponenten der
Personalflexibilität.

Zusammenfassend kann festgehalten werden, daß die existierenden Verfahren
zur qualitativen als auch zur quantitativen Personalzuordnung nicht den gestellten
Anforderungen der mittelfristigen Personalkapazitätsanpassung für die Serienproduktion genügen. Die Effizienz rein quantitativer, als auch rein qualitativer
Verfahren zur Personalzuordnung erscheint für diesen Problembereich frag-
würdig. Daher ist ein, auf den Untersuchungsbereich zugeschnittenes Verfahren
zur Personalzuordnung zu entwickeln, welches die dargestellten Anforderungen
erfüllt.


## 4.4 Verfahren zur Personalplanung

Literaturanalysen theoretischer und anwendungsorientierter Konzepte zur Personalplanung zeigen, daß das dominierende Problem der Personalplanung ein Ver-
fahren- bzw. Methodenproblem[76] ist. Zwar werden in der Literatur sowohl zahl-
reiche betriebswirt- und ingenieurwissenschaftliche als auch mehrere personal-
planungsspezifische Verfahren und Methoden zur Unterstützung der unterschiedlichen Einzelfunktionen der Personalplanung beschrieben[77], dennoch haben die-

---

[76] Grundsätzliche Voraussetzung für eine formale Personalplanung ist die Existenz einer geeigneten Planungsmethodik. Die Auswahl der Art der Planungsmethodik zur Lösung eines Planungsproblems hängt im wesentlichen von der Bedeutung der Lösung ab. Aus anwendungsorientierter Sicht muß die Güte bzw. der Nutzen der gefundenen Lösung in vernünftiger Re-
lation zum Aufwand stehen, mit dem diese Lösung gefunden wurde /39/.

[77] Zu letzteren zählen insbesondere die Stellenplan- und Arbeitsplatzmethode. Sie eignen sich
sowohl zur Unterstützung der Personalbedarfs- und Personalangebotsermittlung als auch zur
langfristigen Personaleinsatzplanung. Zur erstgenannten Verfahrensgruppe gehören insbesondere stochastische und deterministische Prognoseverfahren für die Personalbedarfsermittlung sowie die Methode des Profilvergleichs für die Personalangebotsermittlung. Diese
Gruppe von allgemeinen Verfahren zur Personalplanung können auch die linearen Optimierungsverfahren zum Lösen des Zuordnungsproblems im Rahmen der Personaleinsatzplanung zugeordnet werden.

se Verfahren und Methoden bisher keine Anwendungsrelevanz erzielen können /39/. Die Ursache für diesen Tatbestand liegt einerseits, wie bereits in Kapitel 2 dargestellt, an fehlenden ganzheitlichen Planungskonzepten zur Personalplanung, andererseits in den diesem Planungsbereich zugrundeliegenden Schwierigkeiten. Sie ergeben sich insbesondere daraus, daß das Personal und sein Verhalten nicht präzise zu determinieren und damit auch nicht exakt zu planen sind /39, 96, 116/.

Zur Bewältung der zugrundeliegenden Problemstellung der Personalkapazitätsanpassung sind einerseits Methoden zur Generierung und vollständigen Abbildung differenzierter Informationen über Eignung, Verfügbarkeit und Präferenzen der Arbeitnehmer, Personalbedarfe pro Planperiode und Arbeitsplatz etc. erforderlich. Andererseits sind Methoden zur Verarbeitung dieser Informationen notwendig, die eine mitarbeiterorientierte, interaktive und benutzernahe Personalplanung ermöglichen. Inwieweit die zur Verfügung stehenden Planungsmethoden diesen Erfordernissen bereits Rechnung tragen, soll nachfolgend geprüft werden.

Allgemein betrachtet läßt sich die Problemstellung der Personalkapazitätsanpassung als ein Optimierungsproblem beschreiben, das mit Hilfe einer Optimalplanung[78] zu lösen ist. Die Modellierung des Problems muß sich bereits an der angestrebten Lösung des mathematischen Formalproblems, d.h dem mathematischen Verfahren, das angewandt werden soll, orientieren /92/. Prinzipiell stehen zur Lösung von Optimierungsproblemen eine Vielzahl bekannter mathematischer Verfahren zur Verfügung. Diese Verfahren können unterteilt werden in:

- Verfahren der vollständigen Enumeration,
- exakte Verfahren,
- heuristische Verfahren und
- Verfahren auf Basis der Fuzzy-Sets-Theorie.

Die Verfahren der vollständigen Enumeration stellen in ihrer Struktur die einfachste Methode zur Lösung eines Optimierungsproblems dar. Die Methode der Enumeration besteht darin, alle möglichen Lösungen des Optimierungsproblems zu

---

[78] Nach /92/ wird unter dem Begriff Optimalplanung die Anwendung von mathematischen Methoden zur Vorbereitung optimaler Entscheidungen verstanden. Der Begriff Optimalplanung wird somit als Synonym zum anglo-amerikanischen Begriff Operations Research verwendet

berechnen und die beste Lösung auszuwählen /92/. Je mehr verschiedene Lösungen für ein Problem existieren, desto aufwendiger wird das Enumerieren. Verfahren der vollständigen Enumeration sind daher nur für kleine kombinatorische Planungsprobleme sinnvoll. Für die Personalkapazitätsanpassung, die ein komplexes, vielschichtiges und umfangreiches Optimierungsproblem darstellt, scheiden diese Verfahren von vornherein aus.

Die exakten Verfahren gliedern sich in Verfahren ohne und mit Lösungsgarantie. Erstere sind im allgemeinen Näherungsverfahren, die nicht immer eine Lösung liefern. Sie sind für die vorliegende Problemstellung daher nicht von Bedeutung. Das breite Spektrum der Verfahren mit Lösungsgarantie hingegen teilt sich auf in analytische[79] und iterative[80] Verfahren. Diese Optimierungsverfahren finden in der praktischen Anwendung ihre Grenzen aufgrund des Zeit- und Rechenaufwands. Zudem stellen derartige Verfahren sehr hohe Anforderungen an das erforderliche Datenmaterial, die in der betrieblichen Praxis nicht unter einem vertretbarem wirtschaftlichen Aufwand erfüllt werden können. Desweiteren haben diese Verfahren den Nachteil, daß sie unübersichtlich, kompliziert, schwierig und aufwendig zu lösen sind /89/ und damit für die praktische Anwendung keine Benutzerakzeptanz[81] finden. Zusammenfassend bleibt also festzuhalten, daß in der Literatur zwar eine Vielzahl exakter Verfahren zur Personalplanung vorgestellt werden, diese Verfahren aber aufgrund wirtschaftlicher Aspekte sowie einer mangelnden Benutzerakzeptanz für das zugrundeliegende Personalplanungsproblem ungeeignet sind.

---

[79]  Mit Hilfe der Differentialrechnung, dem wichtigsten Verfahren unter den analytischen Verfahren, lassen sich alle kombinatorisch denkbaren Lösungen innerhalb des Operation Research (OR) rechnerisch ermitteln

[80]  Exakte Verfahren für die Lösung von linearen, binären und ganzzahligen Optimierungsproblemen basieren im allgemeinen auf iterativen Verfahren. Das Simplexverfahren (oder Weiterentwicklungen wie die duale Simplexmethode, die Dreiphasenmethode und das Goalprogramming), Schnittstellenebenenverfahren (Gomory-Verfahren o.ä.) sowie Branch-and-Bound Verfahren (z.B. Verfahren von Balas) sind typische Vertreter dieser Verfahrensklasse.

[81]  Eine empirische Untersuchung von DRUMM /39/ zeigt deutlich, daß die derzeit verfügbaren formalen Planungsmethoden der Personalplanung keine Akzeptanz bei deren Anwender finden. Nach DRUMM sind daher Planungsmethoden zu schaffen, die nicht zu hohe Erwartungen an die mathematische Vorbildung der Beteiligten stellen, sondern dem Benutzer einfach nachvollziehbare Ergebnisse liefern

Im Vergleich zu den exakten Lösungsverfahren zeichnen sich heuristische Verfahren durch einen reduzierten Rechenaufwand zur Lösung eines Optimierungsproblems aus. Heuristische Verfahren bestehen aus bestimmten Suchstrategien zur Lösungsfindung, die hinsichtlich der Problemstruktur und der angestrebten Ziele als sinnvoll und erfolgsversprechend erscheinen. Hauptanwendungsfeld sind damit Optimierungsprobleme, die nicht mit vertretbarem Rechenaufwand einem exaktem Lösungsverfahren zugänglich ist. Ferner werden heuristische Verfahren als Vorstufe zu exakten Optimierungsverfahren eingesetzt[82]. In der Literatur werden eine Vielzahl heuristischer Verfahren dargestelllt. Ihre Aufzählung wäre wenig aufschlußreich. Charakteristisch für diese Art von Verfahren ist, daß es sich in der Regel um maßgeschneiderte Lösungsverfahren handelt, die spezifisch für bestimmte Problemstellungen entwickelt worden sind. Die Übertragbarkeit dieser Verfahren auf neue Problemstellungen ist in der Regel nicht gewährleistet. Als Schwachstellen heuristischer Verfahren ist zu nennen, daß diese Verfahren nicht immer die optimale Lösung hervorbringen und keine Lösungsgarantie bieten. Das Optimierungsproblem der Personalkapazitätsanpassung stellt eine vielfältige Problemstruktur dar. Heuristische Verfahren, die nach einer starren Lösungsstrategie vorgehen, können nur bedingt den Anforderungen dieser Problemstellung gerecht werden.

Viele Optimierungsprobleme liegen in der Regel in einer Form vor, die zunächst eine mathematische Formulierung der Problemstruktur nicht zuläßt. Der Grund liegt in der Unschärfe der Problemstellung, die sich nicht unmittelbar in die scharfe mathematische Schreibweise übertragen läßt. Vor diesem Hintergrund ist es das vorrangiges Ziel der Fuzzy-Sets-Theorie[83], die Kluft zwischen dem "exakt" (dichotom) abgrenzenden Instrumentarium der klassischen Mathematik

---

82  Hierzu zählen die LP-Branch-and-bound-Verfahren, die sowohl heuristische, als auch exakte Ansätze miteinander verbinden. Nach heuristischer Maßgabe werden Knoten bestimmt, die das Anpassungsproblem in uberschaubare Unterprobleme zerlegen. Diese Unterprobleme können anschließend mit exakten Verfahren gelöst werden Entscheidend fur die Lösungseffizienz dieser Verfahren ist die Strategie, die der Benutzer anwendet Der Benutzer steuert den heuristischen Suchprozeß. Je nach der Benutzervorgabe verzweigt der Entscheidungsbaum (branch) oder bricht das Verfahren ab (bound). Der Benutzer steuert, ob die Lösung - mit Hilfe der exakten Losung der Unterprobleme (bound Vorschriften) - gefunden werden muß, oder ob die optimale Lösung bei Anwendung des Verfahren ausgeschlossen werden kann

83  Die Fuzzy-Sets-Theorie, die in der deutsprachigen Literatur als "Theorie unscharfer Mengen" bezeichnet wird, stellt eine Verallgemeinerung der klassischen Mengenlehre dar /131/.

und der weniger scharfen Denkweise und Sprache menschlicher Entscheidungsträger zu schließen. Durch die Definition von "Zugehörigkeitsfunktionen" gestattet sie die Abbildung gradueller Differenzierungen, wie sie gerade in der Optimalplanung von Personalentscheidungen häufig auftreten. Die Fuzzy-Sets-Theorie stellt damit eine Methode zur Generierung und vollständigen Abbildung differenzierter Informationen dar und erfüllt damit die erste methodische Voraussetzung für eine formale Personalplanung.

Wie bei POLZER /96/ dargestellt, können zudem mit Hilfe der Fuzzy-Set-Theorie auf Basis der herkömmlichen mathematischen Verfahren erweiterte Verfahren zur Verarbeitung von Unschärfen entwickelt werden. Beispielsweise stellt der unscharfe lineare Kompromißansatz[84] eine Erweiterung der linearen Programmierung dar, bei dem Toleranzgrößen (unscharfe Bereiche) bei den Beschränkungsgrößen und den Zuordnungsvariablen festgelegt werden können. Dadurch können ordinale und kardinale Informationen simultan berücksichtigt werden. Die Intervalldimensionierung erfolgt durch kardinale Größen. Gleichzeitig sind durch die Intervallänge und ihren Einfluß auf die Nutzenfunktion ordinale Aussagen über die Präferenzen implizit gegeben. Gegenüber herkömmlichen linearen Optimierungsverfahren verfügt der unscharfe lineare Kompromißansatz damit über den Vorteil der Integration einer Reihe wichtiger algorithmischer Aspekte wie implizite Nutzenrechnung, standardisierte Nutzenfunktion, keine Gewichtungskoeffizienten, Puffergrößen in den Beschränkungen und simultane Berücksichtigung aller Ziele in einem einzigen Programm[85]. Die ermittelte Lösung stellt eine Kompromißlösung dar, deren Güte aus einem Zielfunktionswert ablesbar ist[86]. Der unscharfe

---

[84] Die Verwendung des Konzepts des unscharfen linearen Kompromißansatzes für die Lösung von Optimierungsproblemen wurde erstmals von CHANG /27/ und von BELLMANN und ZADEH /7/ eingeführt. 1975 wurde dieser Ansatz von ZIMMERMANN /131/ aufgegriffen.

[85] Die Unterscheidung zwischen Zielen und Nebenbedingungen ist bei einer Entscheidungssituation mit mehrfacher Zielsetzung auf der Grundlage der unscharfen Mengen damit willkürlich. Da Nebenbedingungen stets auch als Ziele interpretiert werden müssen, empfiehlt es sich, nur noch von Zielen oder Anforderungen zu sprechen. Die bisherigen Ergebnisse der Forschung auf dem Gebiet linearer Optimierungsverfahren auf Basis von Fuzzy-Set-Theorie lassen sich in einem von BELLMANN /7/ entwickelten Standardverfahren zusammenfassen.

[86] Anders als in herkömmlichen scharfen linearen Programmierungsansätzen erfolgt im unscharfen linearen Kompromißansatz keine explizite Optimierung von Wertgrößen. Statt dessen wird bei diesem Ansatz eine für alle Zielsetzungen relevante Ersatzgröße optimiert. Diese Ersatzgröße ist der größte gemeinsame Erfüllungsgrad aller in Form von Toleranzgrößen gegebenen Bedingungen einer Entscheidungssituation. Der unscharfe lineare Kompromißansatz entspricht damit eher dem Planungs- und Entscheidungsverhalten der Praxis.

lineare Kompromißansatz berücksichtigt daher explizit, was ein herkömmlicher scharfer Ansatz nur implizit berücksichtigen kann, daß nämlich eine optimale Lösung bei limitierten Ressourcen nur eine Kompromißlösung sein kann. Der unscharfe lineare Kompromißansatz erfüllt damit die zweite methodische Voraussetzung für eine formale Personalplanung, d.h. die Verarbeitbarkeit unscharfer Informationen, um dadurch Personalentscheidungen mitarbeiterorientiert, interaktiv und benutzernah mit vertretbarem Zeit- und Rechenaufwand simulieren und planen zu können.

Die Standardformulierungen eines Modells können grundsätzlich nur die Eignung eines bestimmten Modelltyps zur Lösung einer bestimmten Problemstellung demonstrieren. Vor ihrer Anwendung auf das konkrete Problem müssen diese Modelle durch Umformulierung oder Erweiterung adaptiert werden /17/. Die in der Literatur vorgestellten Erweiterungen des Standardverfahrens von BELLMANN /86, 96, 133/ gehen von Bedingungen des Planungs- und Entscheidungsproblems aus, die nicht auf das hier beschriebene Personalplanungsproblem übertragen werden können. Ziel der vorliegenden Arbeit soll es daher sein, auf Basis der vorliegenden Erkenntnisse im Bereich der Fuzzy-Set-Theorie ein Verfahren für die formale Personalkapazitätsanpassung zu entwickeln.

# 5. Zielsetzung und Methodik

Ziel der vorliegenden Arbeit ist es, ein Verfahren zur mittelfristigen Personalkapazitätsanpassung zu entwickeln. Dieses Planungsverfahren ist so aufzubauen, daß alle Arbeitsplätze gemäß des aktuellen Arbeitsanfalls je Planungszeitabschnitt mit dem verfügbaren Personal[87] bedarfsgerecht besetzt werden können. Der Flexibilitätsaspekt des Personals soll dahingehend berücksichtigt werden, daß das verfügbare Personal im gesamten Planungszeitraum mit Hilfe von flexiblen Personaleinsatzmodellen auf Basis der Mehrfachqualifikation der Arbeitskräfte sowie flexiblen Arbeitszeitmodellen bedarfsgerecht eingeplant werden kann. Dabei soll das Personal nicht nur unter quantitativen Aspekten sondern auch unter Berücksichtigung einer qualitativen Differenzierung[88] eingeplant werden. Ziel der Personalkapazitätsanpassung ist es, eine termingerechte Bedarfsdeckung je Planungszeiteinheit zu erreichen. Zusätzlich sollen sowohl unternehmensspezifische Zielvorgaben sowie legitime Mitarbeiterbelange im Planungsverfahren berücksichtigt werden. Aufgrund der Vielfältigkeit unterschiedlicher Unternehmenstypen[89] soll das Verfahren zur mittelfristigen Personalkapazitätsanpassung nicht den Anspruch auf Allgemeingültigkeit erheben, sondern auf den Produktionstyp Serienproduktion mit Fließinselprinzip beschränkt bleiben. Darüber hinausgehende Anforderungen sind nicht typisch und werden deshalb nicht berücksichtigt. Das zu entwickelnde Verfahren deckt die Mindestanforderungen bezüglich des not-

---

[87] In der vorliegenden Arbeit wird davon ausgegangen, daß im Rahmen einer langfristigen Personalplanung bereits ein Grobabgleich des auftragsbezogenen Kapazitätsbedarfs und des im Unternehmen verfügbaren Personalbestands durchgeführt wurde Dabei wurden permanente, im Rahmen der mittelfristigen Planung nicht lösbare Personalengpässe bzw. -uberhänge durch eventuelle langfristige Personalbeschaffungs-, Freisetzungs-, oder Weiterbildungsmaßnahmen kompensiert

[88] In der vorliegenden Arbeit werden die Anforderungsprofile der Arbeitsplatze, die Qualifikationsprofile und damit auch die Eignungsprofile der Arbeitnehmer als Ergebnis der langfristigen Personalplanung als bekannt vorausgesetzt Im Rahmen des Planungsverfahrens soll auf diesen Informationen basierend eine Optimierungsplanung durchgeführt werden

[89] Die vielfältigen Erscheinungsformen der okonomisch und soziotechnisch relevanten Untersuchungsgegenstände eines Unternehmens können auf der Grundlage sinnvoller Abstraktionen und Differenzierungen anhand wesentlicher Merkmalsauspragungen (wie beispielsweise die Produktionsstruktur und der Produktionsablauf) in einem zielorientierten Beziehungsgeflecht beschrieben werden. GROSSE-ÖTRINGHAUS /54/ hat hierzu ein Instrument zur Kennzeichnung des Fertigungsbereichs von Industrieunternehmen unter dem Gesichtspunkt der Fertigungsablaufplanung erarbeitet. Die Merkmale zur Kennzeichnung der Fertigungsbereiche leiten sich aus den Eigenschaftsarten Input, Prozeß und Output ab.

wendigen Funktionsumfanges ab und ist im Einzelfall unternehmensspezifisch zu ergänzen.

Ausgehend von den Erkenntnissen aus Kapitel 4 kann die zugrundeliegende Problemstellung als Optimierungsproblem beschrieben werden, das mit Hilfe unterschiedlicher Methoden der Optimalplanung gelöst werden kann. Wie aus der Definition der Optimalplanung hervorgeht, muß dazu zunächst ein mathematisches Modell[90] für die Problemstellung erarbeitet und darauf aufbauend unter Berücksichtigung der unterschiedlichen Optimierungsmethoden ein leistungsstarkes Lösungsverfahren entwickelt werden. Um dem Aspekt des bedarfsorientierten Personaleinsatzes gerecht zu werden, ist für die Serienproduktion mit Fließinselprinzip zunächst ein neues Modell der Produktionskapazität zu entwerfen, das die Anforderung nach Abbildung der Personalkapazität und ihrer Planbarkeit erfüllt. Die methodischen Anforderungen an das Planungsverfahren ergeben sich sowohl aus der Modellierung der Personalkapazität als auch aus den funktionalen Anforderungen der Anpassung von Personalkapazitätsbedarf und -angebot. Aus den funktionalen Anforderungen ergibt sich die Notwendigkeit einer personalgruppenübergreifenden Ausgleichs- und Überbrückungsfunktion sowie einer personalgruppenbezogenen Optimierungssfunktion. Aufbauend auf den Erkenntnissen aus Kapitel 4.4 sollen alle drei Funktionsbausteine auf der Grundlage der Fuzzy-Set-Theorie gelöst werden. Dem Ziel eines leistungsstarken, mitarbeiterorientierten Lösungsverfahrens soll also durch die Entwicklung eines unscharfen Planungsverfahrens Rechnung getragen werden.

Die Untersuchung des praktischen Einsatzes des Verfahrens bildet den abschließenden Schritt dieser Arbeit. Anhand einer Pilotanwendung soll versucht werden, den Nutzen des Verfahrens aufzuzeigen, um so eine Verifizierung des Verfahrens in der Praxis zu erhalten. Als Anhang soll zudem ein Überblick über. des operativen Einsatz des Verfahrens gegeben werden.

---

[90] Die Anwendung mathematischer Methoden setzt nach MÜLLER-MERBACH /92/ voraus, daß das zu losende Problem (Realproblem) in ein mathematisches Problem (Formalproblem) übertragen wird Ein Modell stellt dabei nur die problemrelevanten Eigenschaften des Realproblems dar.

# 6. Grundlagen des Planungsverfahrens

Die Modellierung des Verfahrens zur mittelfristigen Personalkapazitätsanpassung erfordert die Abbildung aller problemrelevanter Objekte und Eigenschaften des realen Produktionssystems in einem formalen Modell[91] . Neben einem statischen Modell, das die Objekte und möglichen Objektzustände des Produktionssystems unabhängig von den zeitvarianten Vorgängen beschreibt, muß ein dynamisches Modell erstellt werden, das den Objekten des statischen Modells mengen- und terminbezogene Attribute zuweist. Die Darstellung des dynamischen Modells erfordert daher die formale Abbildung der Zeit.

Das Modell zur Personalkapazitätsanpassung kann abhängig von dem zugrundeliegenden Produktionsprozeß unterschiedlich ausfallen. So sind Modellvarianten möglich, die sich aus einer unterschiedlichen Betrachtungweise der Elementarfaktoren (Betriebsmittel, Personal, Arbeitsaufgabe) in Abhängigkeit von der zugrundeliegenden Produktionsstruktur ergeben. Die Funktionsbausteine der Personalkapazitätsanpassung, d.h. die Personalbedarfs-, Personalangebotsermittlung und Personalzuordnung, sind daher abhängig von der Produktionsstruktur zu modellieren. Dementsprechend soll im folgenden, aufbauend auf der formalen Abbildung der Zeit, zunächst das Modell der hier betrachteten Produktionsstruktur der Serienproduktion mit Fließinselprinzip entwickelt werden. Anschließend soll das Modell zur mittelfristigen Personalkapazitätsanpassung, d.h. die Funktionsbausteine zur Personalbedarfs-, Personalangebotsermittlung und Personalzuordnung entwickelt werden.

## 6.1 Abbildung der Zeit

Es ist notwendig, die in der realen Welt fortschreitende Zeit im Modell abzubilden, um so Planzustände des Produktionssystems über den Zeitverlauf darstellen zu können. Prinzipiell lassen sich zwei verschiedene Abbildungen der Zeit unterscheiden:

---

[91]   Jedem Planungsverfahren liegt ein Modell des zu planenden Prozesses zugrunde, das die problemrelevanten Objekte und Eigenschaften des Prozesses abbildet und quantifiziert /29/.

❑ Die kontinuierliche Abbildung der Zeit in Form eines stetigen Zeitstrahls. Hierdurch besteht die Möglichkeit einer Zeitpunktbetrachtung.

❑ Die diskrete Abbildung der Zeit in Form von Zeitabschnitten. Hierdurch besteht die Möglichkeit einer Zeitraumbetrachtung.

Die kontinuierliche Abbildung der Zeit eignet sich vor allem für kurzfristige Planungsaufgaben. Hier ist es erforderlich Planungszustände ereignisorientiert d.h zeitpunktbezogen abzubilden. Für die hier vorliegende Problemstellung der mittelfristigen Personalkapazitätsanpassung, wo die Bedarfsdaten aus der Mengen- und Terminplanung in der Regel zeitabschnittsbezogen vorliegen, eignet sich dagegen das Zeitmodell mit diskreter Fortschreibung.

Die Feinheit der Rasterung des Zeitstrahls wird dabei von dem gewünschten Detaillierungsgrad der Planung beeinflußt. Abhängig von anwendungsspezifischen Gegebenheiten kann die Abbildung der Zeit in unterschiedlichen Zeitrastern, wie beispielsweise Monats-, Wochen-, Tages-, Stundenraster notwendig sein. Im weiteren Verlauf dieser Arbeit soll daher zur Beschreibung des Planungsverfahrens ein neutrales Zeitraster verwendet werden. Dazu wird ein Zeitabschnitt als Planungszeitabschnitt $PZA_t$ definiert.

Die vorliegende Planungssaufgabe hat dynamischen Charakter, denn einerseits verlieren alle einmal erstellten Planungsdaten nach Überschreiten des zugeordneten Planungszeitabschnittes ihre Wirksamkeit, andererseits machen herannahende Planungszeitabschnitte die Erstellung weiterer Planungsdaten notwendig. Um den dazu erforderlichen Planungsaufwand nicht zu sehr in die Höhe zu treiben, wird die zeitliche Reichweite der Planung durch Angabe eines Planungshorizontes T begrenzt. Er legt die maximal zulässige Anzahl an Planungszeitabschnitten fest. Die Länge des Planungshorizonts sollte auf einen Zeitraum begrenzt werden, in dem die Personalbedarfs- und die Personalangebotszahlen vollständig vorliegen. Abhängig von anwendungsspezifischen Gegebenheiten kann sich dieser Zeitraum über mehrere Tage, Wochen, Monate oder ein ganzes Jahr erstrecken. Der Planungshorizont wird daher in der vorliegenden Arbeit ebenfalls als neutraler Zeitraum T definiert. Die Menge PZA beschreibt demnach alle Planungszeitabschnitte für den Planungshorizont T. Es gilt:

$$PZA := \{ PZA_t \mid t = 1, \ldots, T \}$$

Weiter soll im vorliegenden Fall o.B.d.A. davon ausgegangen werden, daß in einem Industriebetrieb die Personalkapazitätsanpassung in der Regel nicht jedesmal nach Erreichen eines neuen Planungszeitabschnittes $PZA_t$ durchgeführt wird, sondern nach einem vorgegebenen Planungsrhythmus erfolgt, der abhängig vom Anwendungsfall beispielsweise wöchentlich oder monatlich gewählt werden kann. Diese Vorgehensweise ist aus organisatorischen Gründen zweckmäßig und soll deswegen auch hier im Zeitmodell abgebildet werden. Dazu werden mehrere Planungszeitabschnitte zu einen Planungszeitraum zusammengefaßt, für den jeweils eine Planung durchgeführt wird. Die Menge PZR beschreibt alle Planungszeiträume, AT beschreibt die Anzahl der Planungszeitabschnitte pro Planungszeitraum. Es gilt:

$$PZR := \{ PZR_r \mid r = 1, \ldots, R \}$$
$$\text{mit: } PZR_r = \{ PZA_X, PZA_{X+1}, \ldots, PZA_{X+AT-1} \}$$

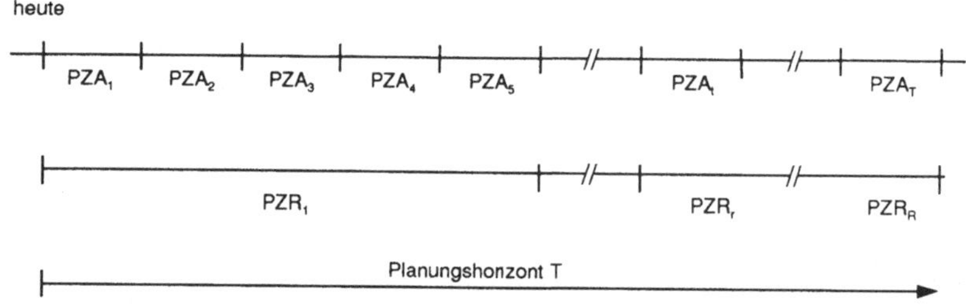


Bild 6.1.1-1: Darstellung des Zeitmodells

Das hier entwickelte Zeitmodell dient im folgenden als Basis für die Darstellung und Ermittlung des Personalbedarfs und -angebots sowie zur Planung der Personalzuordnung[92].

---

[92] Die mittelfristige Personalkapazitätsanpassung wird in der Regel wöchentlich durchgeführt und erstreckt sich bis zu einem Planungshorizont, der durch die zukünftigen Aufträge umrissen wird. Die Planungszeitabschnitte umfassen in der Regel einen Arbeitstag /33/:

## 6.2      Modell des Produktionssystems

Das Modell des Produktionssystems bildet die für die mittelfristige Personalkapazitätsanpassung wesentlichen Objekte und Eigenschaften des Produktionssystems ab. Die Modellelemente lassen sich in statische und dynamische Elemente untergliedern. Die statischen Elemente bilden die Struktur des Produktionssystems ab, die innerhalb des Planungshorizonts als unveränderlich betrachtet werden kann. Die dynamischen Elemente bilden die zeitveränderlichen Größen nämlich die Bedarfsvarianz des Absatzmarktes sowie die daraus resultierenden Systemzustände ab.


### 6.2.1      Das statische Modell des Produktionssystems

Die statischen Elemente des Produktionssystems umfassen neben den Produkten
(Positionen[93]) die im Produktionssystem hergestellt werden können, die den
Produktionsfortschritt begrenzenden Ressourcen, nämlich die Verrichtungselemente und das Personal[94]. Die Produktionsstruktur des Produktionssystems wird
durch das Prozeßmodell und das Personalmodell beschrieben (vgl. Bild 6.1.1-1).
Das Prozeßmodell basiert auf einem hierarchischen Strukturkonzept, das die
Verrichtungselemente zu Produktionsbereichen gemäß dem Fließinselprinzip zu-
sammenfaßt. Zur Abbildung der Produktionsprozesse wird im statischen Modell
das grundlegende Zuordnungsprinzip zwischen den Positionen und den Verrich-

---

[93] Eine Position ist ein Materialflußobjekt, das im Rahmen der betrieblichen Leistungserstellung
verarbeitet oder als Ergebnis eines Arbeitsvorgangs hergestellt wird (z.B Rohmaterial, Baugruppe, Enderzeugnis) und für das Planungsnotwendigkeit besteht  Eine Position wird als
Kreis dargestellt /29/

[94] Unter Ressourcen werden im allgemeinen sämtliche am Leistungserstellungsprozeß beteiligten Objekte, wie beispielsweise Maschinen, Personal, Werkzeug, Vorrichtungen etc. verstanden /29/. In der vorliegenden Arbeit werden das Verrichtungselement und das Personal als
begrenzende Ressourcen definiert  Unter einem Verrichtungselement soll ein aktiver Knoten
verstanden werden, der die Zustandsänderung einer/mehrerer Positionen unter Verwendung
und/oder Verbrauch von Ressourcen definiert. Hierzu nimmt ein Verrichtungselement an sei-
nem "Eintritt" die notwendigen Objekte selbständig oder nach Aufforderung auf und gibt sie
am "Austritt" wieder ab  Ein Verrichtungselement wird als Rechteck dargestellt /29/  In der
vorliegenden Arbeit sollen die technischen Ressourcen als Objekte verstanden werden, die
vom Verrichtungselement selbständig aufgenommen werden  Somit besteht keine Planungsnotwendigkeit für diese Ressourcen. Das Personal stellt dagegen eine Ressource dar, die nur
nach Aufforderung im Verrichtungselement verbraucht wird  Damit besteht für das Personal
Planungsnotwendigkeit

tungselementen in Form von Arbeitsplänen sowie die Kapazitätsflexibilität der Verrichtungselemente in Form einer Ausbringungsflexibilität beschrieben. Das Personalmodell beschreibt die personelle Aufbauorganisation in Form einer Personalstruktur sowie das Zusammenspiel zwischen den Verrichtungselementen und dem Personal in Form von flexiblen Personaleinsatz- und Arbeitszeitmodellen.

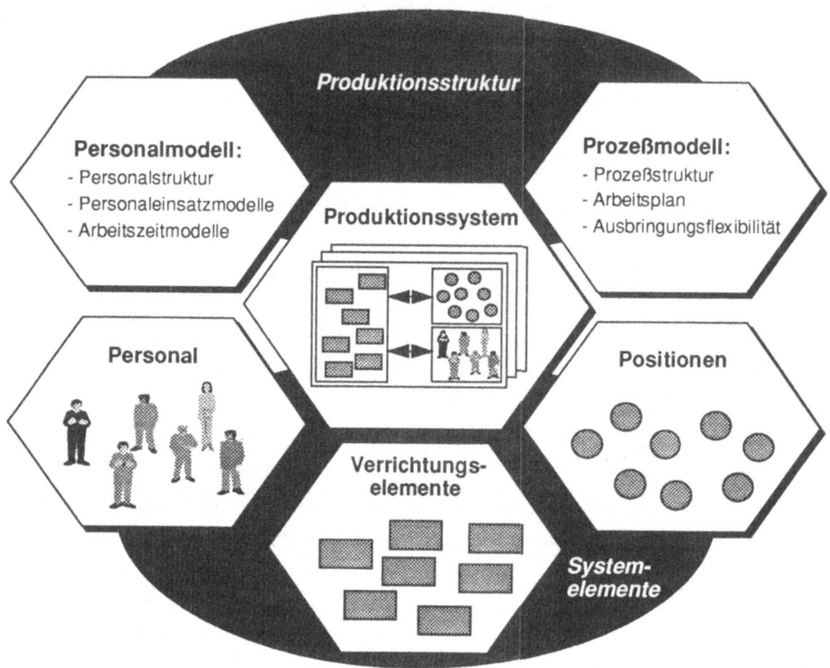


Bild 6.2.1-1: Statisches Modell des Produktionsystems

Die Kapazitätsbedarfsschwankungen im Produktionssystem resultieren aus Absatzschwankungen der vom Markt nachgefragten Produkte. Alle Produkte, Baugruppen und Einzelteile die im Produktionssystem hergestellt werden können, werden durch die der Menge P zugehörigen Positionen $P_n$ beschrieben:

$$P := \{ P_n \mid n = 1 , \ldots , N \}$$

Zur Produktion dieser Positionen sind im Produktionssystem entsprechende technische Ausrüstungen erforderlich. Diese werden anhand der Verrichtungselemente in einem hierarchischen Strukturkonzept mit unterschiedlichen Aggregationsstufen beschrieben. Das kleinste Verrichtungselement im Produktionssystem ist der Arbeitsplatz $AP_f$. Er beschreibt die technische Ausrüstung mit dem dazugehörigen Arbeitsinhalt, die von einem Mitarbeiter betreut werden kann. Die Menge AP beschreibt alle Arbeitsplätze des Produktionssystems und legt damit die Anzahl F der Arbeitsplätze im Produktionssystem fest. Es gilt:

$$AP := \{ AP_f \mid f = 1, \ldots, F \}$$

Im Modell der teilautonomen Arbeitsgruppe werden aufgrund ablauforganisatorischer und qualifikatorischer Aspekte mehrere Arbeitsplätze eines Produktionssystems zu einer Arbeitsplatzgruppe zusammengefaßt. Dadurch kann der Organisationsaufwand im Produktionsablauf sowie der Planungsaufwand zur Vorbereitung der Produktion reduziert werden. Dementsprechend werden im Modell des Produktionssystems alle Arbeitsplätze, um deren Kapazität eine Teilmenge an Positionen konkurrieren, zu einer Arbeitsplatzgruppe gemäß dem Gruppenprinzip zusammengefaßt. Die Menge aller Arbeitsplatzgruppen sei mit APG bezeichnet:

$$APG := \{ APG_j \mid j = 1, \ldots, J \}$$
$$\text{mit: } APG_j := \{ AP_f \mid AP_f \text{ gehört zur Arbeitsplatzgruppe } APG_j \}$$

Die Menge AP zerfällt damit in disjunkte Teilmengen. Um auf Basis des aktuellen Positionsbedarfs den Personalbedarf ermitteln zu können, müssen im statischen Modell des Produktionssystems einerseits die ablaufbedingten Abhängigkeiten hinsichtlich des Produktionsprozesses bzw. der Arbeitsverteilung innerhalb einer Arbeitsplatzgruppe durch die Bildung von zusammenhängenden Arbeitsplatzlinien abgebildet werden. Andererseits muß die Ausbringungsflexibilität einer Arbeitsplatzgruppe definiert werden. Prinzipiell können wie in Bild 6.1.1-2 dargestellt vier Typen von Arbeitsplatzgruppen unterschieden werden. Die Abhängigkeit der Arbeitsplätze in einer Arbeitsplatzgruppe kann durch die Abbildung $AGS_j$ (Arbeitsplatzgruppenstruktur) für jede Arbeitsplatzgruppe $APG_j$ beschrieben werden. Es gilt:

$$AGS_j: \quad APG_j \text{------>} APG_j \cup \{ \emptyset \}$$
$$AP_f \text{------>} AP_{nf}$$

Die Abbildung $AGS_j$ ($AP_f$) bezeichnet dabei den Nachfolgerarbeitsplatz $AP_{nf}$ eines Arbeitsplatzes $AP_f$ im Sinne des Produktionsprozesses. Die Gesamtheit aller Arbeitsplätze, die im Sinne dieser Abbildung zusammenhängen, soll als Arbeitsplatzlinie bezeichnet werden. Damit zerfällt eine Arbeitsplatzgruppe in einzelne Arbeitsplatzlinien $APL_{j,l}$[95]. Die Menge $APL_j$ beschreibt alle Arbeitsplatzlinien einer Arbeitsplatzgruppe $APG_j$. Es gilt:

$$APL_j = \{ APL_{j,l} \mid l = 1, \ldots, L \}$$

Die Mindestbesetzung einer Arbeitsplatzgruppe wird durch die Anzahl der Arbeitsplätze einer Arbeitsplatzlinie festgelegt. Aufgrund der aktuellen Kapazitätsbedarfssituation kann die Anzahl der zu besetzenden Arbeitsplatzlinien und damit der Personalbedarf für eine Arbeitsplatzgruppe ermittelt werden.

| | ohne Ausbringungsflexibilität | mit Ausbringungsflexibilität |
| --- | --- | --- |
| **Einzel-arbeits-platz** | • keine Artenteilung innerhalb einer Arbeitsplatzgruppe<br>• keine Mengenteilung innerhalb einer Arbeitsplatzgruppe | • keine Artenteilung innerhalb einer Arbeitsplatzgruppe<br>• Mengenteilung innerhalb einer Arbeitsplatzgruppe (d.h. alternative Einzel-arbeitsplätze) |
| **Arbeits-platz-linie** | • Artenteilung innerhalb einer Arbeitsplatzgruppe<br>• keine Mengenteilung innerhalb einer Arbeitsplatzgruppe | • Artenteilung innerhalb einer Arbeitsplatzgruppe<br>• Mengenteilung innerhalb einer Arbeitsplatzgruppe (d.h. alternative Arbeits-platzlinien) |

Bild 6.2.1-2: Arbeitsplatzstrukturtypen der Arbeitsplatzgruppen in Abhängigkeit von der Arbeitsverteilung

Die qualitative und quantitative Leistungsfähigkeit einer Arbeitsplatzgruppe (bzw. jeder einzelnen Arbeitsplatzlinie), d.h. die Darstellung, welche Positionen in wel-

---

[95]  O.B.d.A soll jede Arbeitsplatzlinie einer Arbeitsplatzgruppe aus der gleichen Anzahl an Arbeitsplätzen bestehen, nämlich $AAPL_j$

cher Arbeitsplatzgruppe mit welchem zeitlichen Aufwand hergestellt werden können, wird durch die Abbildung ARP (Arbeitsplan) beschrieben:

$$ARP: \qquad P \times APG \quad \text{------>} \Re \cup \{ \infty \}$$
$$( P_n , APG_j) \text{------>} ARP ( P_n , APG_j ) = TE_{j,n}$$

Die Abbildung ARP ordnet einer Position $P_n$ und einer Arbeitsplatzgruppe $APG_j$
eine Vorgabezeit $TE_{j,n}$[96] zu, die zur Herstellung einer Mengeneinheit der Position $P_n$ auf einer beliebigen Arbeitsplatzlinie $APL_{j,l}$[97] der Arbeitsplatzgruppe
$APG_j$ notwendig ist[98] .

Das Produktionssystem mit Fließinselprinzip setzt sich aus modularen Produk-
tionseinheiten mit ganzheitlichen Verantwortungsbereichen zusammen. Dementsprechend wird im Planungsmodell eine Teilmenge von Arbeitsplatzgruppen als
Produktionsbereich $PB_b$ definiert. Für die Menge PB gilt:

$$PB := \{ PB_b \mid b = 1 , \ldots , B \}$$
$$\text{mit } PB_b := \{ APG_j \mid APG_j \text{ gehört zum Produktionsbereich } PB_b \}$$

Die Menge APG zerfällt damit in disjunkte Teilmengen. Zusammenfassend läßt
sich festhalten: Wie in Bild 6.2.1-3 dargestellt ist die Struktur der Verrichtungselemente aus den vier Aggregationsstufen Arbeitsplatz, Arbeitsplatzlinie, Arbeitsplatzgruppe und Produktionsbereich aufgebaut. Der Arbeitplatz beschreibt die
technische Ausrüstung mit dem dazugehörigen Arbeitsumfang die von einem Mitarbeiter betreut werden kann, die Arbeitsplatzgruppe faßt in Analogie zum Modell
der teilautonomen Arbeitsgruppe einzelne Arbeitsplätze aufgrund ablauforganisatorischer und qualifikatorischer Aspekte zu einer Planungseinheit zusammen.
Die Arbeitsplatzlinie bildet die Ausbringungsflexibilität einer Arbeitsplatzgruppe

---

[96] Es gibt verschiedene Methoden zur Vorgabezeitermittlung, die abhängig von produktions-
spezifischen Gegebenheiten zur Anwendung kommen (MTM-Methode, Vorgabezeiten nach
REFA etc.). Zur genauen Definition der Vorgabezeit TE siehe REFA /99/.

[97] O.B.d A sollen die Normarbeitszeiten für alle Arbeitsplatzlinien einer Arbeitsplatzgruppe
gleich sein Abhängig von anwendungsspezifischen Gegebenheiten kann das Vorgabezeit-
system jedoch beliebig verfeinert werden.

[98] Um eine Arbeitsplatzlinie $APL_{j,l}$ betriebsbereit zu halten, müssen alle Arbeitsplätze dieser Arbeitsplatzlinie gleichzeitig besetzt werden Daher sind ARP ( $P_n$ , $APG_j$ ) x $AAPL_j$ Mannminu-
ten an Arbeitszeit notwendig.

als Anpassungsspielraum für veränderte Kapazitätsbedarfe ab. Der Produktionsbereich als höchste Aggregationsstufe faßt Arbeitsplatzgruppen zu einem organisatorischen Verantwortungsbereich zusammen.

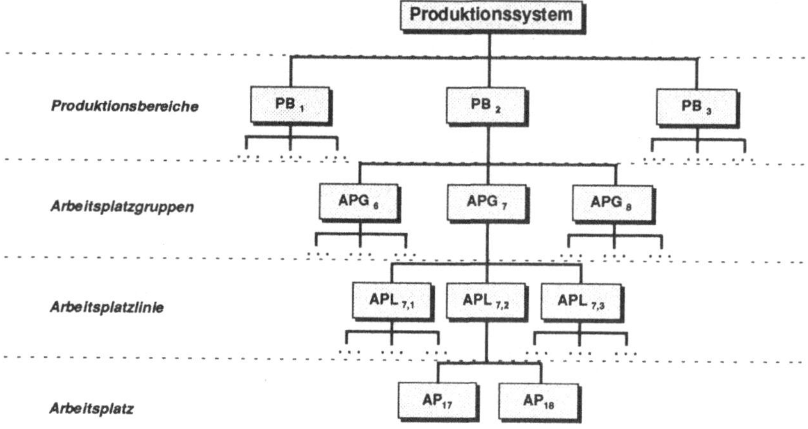


Bild 6.2.1-3: Verrichtungselementestruktur des Produktionssystems

Die zweite zu betrachtende Ressource neben dem Verrichtungselement ist das
Personal. Die Arbeitnehmer $AN_i$ werden durch die Menge AN der Arbeitnehmer
repräsentiert:

$$AN := \{ AN_i \mid i = 1 , \ldots , I \}$$

Zur Festlegung der Einsatzmöglichkeiten des Personals soll aufbauend auf der
Produktionsstruktur die Aufbauorganisation[99] im Produktionssystem beschrieben
werden. Hierzu wird im Planungsmodell eine Personalgruppenstruktur angelegt,
die die Menge AN in Teilmengen aufteilt. Die Personalgruppenstruktur wird durch
die Menge $PG := \{ PG_g \mid g = 0 , \ldots , G \}$ dargestellt. Die Zuordnung der Mitarbeiter $AN_i$ zu ihrer festen Stammpersonalgruppe wird durch die Abbildung SP beschrieben. Es gilt:

---

[99] Unter der Aufbauorganisation eines Produktionssystems wird die hierarchische Gliederung
des Personals in sogenannte Organisationseinheiten unterschiedlichen Umfanges, wie beispielsweise Abteilung, Meisterbereich, Arbeitsgruppe verstanden. Die Darstellung der Aufbauorganisation erfolgt im sogenannten Organigramm /119/.

SP:         AN x PG   -----> { 0, 1 }
            $(AN_i, PG_g)$ -----> $SP_{i,g}$

Zur Abbildung einer Springergruppe im Modell des Produktionssystems wird
o.B.d.A. die erste Personalgruppe $PG_0$ als Springergruppe $PG_S$ bezeichnet (d.h.
$PG_0 =: PG_S$). Mit Ausnahme der Springergruppe ist jede Personalgruppe einem
Produktionsbereich fest zugeordnet. Mit Hilfe dieser Zuordnung wird festgelegt,
welcher Produktionsbereich $PB_b$ von welcher Personalgruppe $PG_g$ betreut wird.
Die Abbildung BG beschreibt die Zuordnung der Personalgruppen zu ihren Produktionsbereichen. Es gilt:

BG:         $PG \setminus \{ PG_S \}$ -----> PB
            $PG_g$           -----> $PB_b$

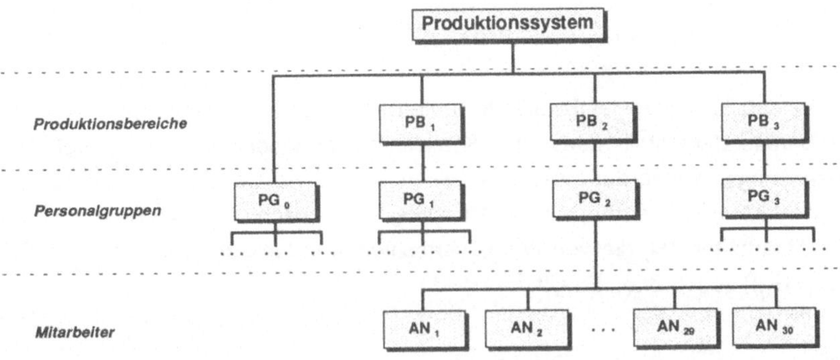


Bild 6.2.1-4: Personalgruppenstruktur des Produktionssystems

Zur Darstellung der Komplementärgruppen im Modell des Produktionssystems
dient die Abbildung KG. Sie definiert zwischen welchen Personalgruppen $PG_g$
Mitarbeiter $AN_i$ versetzt werden können. Es gilt:

KG:         PG     -----> $P(PG \setminus \{ PG_S \})$
            $PG_g$ -----> $KG\,(PG_g) \subset PG$

Die Abbildung $KG\,(PG_g)$ gibt dabei die Personalgruppen an, zu denen Mitarbeiter
$AN_i$ der Personalgruppe $PG_g$ versetzt werden können. Eine Personalgruppe $PG_g$
kann dabei mehrere Komplementärgruppen haben.

Die Einsatzflexibilität eines Mitarbeiters innerhalb seiner Personalgruppe $PG_g$ wird durch das Personalgruppenmodell beschrieben. Dazu werden jedem Mitarbeiter $AN_i$ die von ihm beherrschten Arbeitsplatzgruppen $APG_j \in BG\ (PG_g)$ zugeordnet. Die Abbildung SA gibt die Stammarbeitsplatzgruppe der Mitarbeiter $AN_i$ an. Es gilt:

$$SA: \qquad AN \times APG \quad \text{-----}> \{\,0, 1\,\}$$
$$(AN_i\,,\ APG_j) \text{-----}> SA_{i,j}{}^{[100]}$$

Die Abbildung PGM legt die Alternativarbeitsplatzgruppen $APG_j$ der Mitarbeiter $AN_i$ innerhalb des Produktionsbereichs $BG\ (PG_g)$ fest und beschreibt damit deren örtliche Einsatzflexibilität innerhalb ihrer Personalgruppe $PG_g$. Es gilt:

$$PGM: \qquad AN \times APG \quad \text{-----}> \{\,0, 1\,\}$$
$$(AN_i\,,\ APG_j) \text{-----}> PGM_{i,j}{}^{[101]}$$

Die Einsatzflexibilität der Mitarbeiter außerhalb ihrer Personalgruppe $PG_g$ wird wie bereits dargestellt durch das Komplementärgruppenmodell festgelegt. Die Einsatzmöglichkeiten der Mitarbeiter $AN_i$ innerhalb der einzelnen Komplementärgruppen $KG\ (PG_g)$ wird durch die Abbildung KGM beschrieben. Dazu werden jedem Mitarbeiter $AN_i$ die von ihm beherrschten Arbeitsplatzgruppen $APG_j \in BG$ $(KG\ (PG_g))$ zugeordnet. Es gilt:

$$KGM: \qquad AN \times APG \quad \text{-----}> \{\,0, 1\,\}$$
$$(AN_i,\ APG_j) \text{-----}> KGM_{i,j}$$

Wie in Kapitel 3.2 beschrieben, stellen Springer hochqualizierte, erfahrene und anpassungsfähige Arbeitskräfte dar, die keinem festen Produktionsbereich zugeordnet sind, sondern bedarfsorientiert zum Abgleich von Kapazitätsspitzen bereichsübergreifend eingesetzt werden können. Die Einsatzflexibilität der Springer innerhalb des Produktionssystems wird durch die Abbildung AA beschrieben. Da-

---

[100] SA $(AN_i,\ APG_j)$ =1 heißt, daß die Arbeitsplatzgruppe $APG_j$ die Stammarbeitsplatzgruppe des Arbeitnehmers $AN_i$ ist.

[101] Es gilt: SA $(AN_i,\ APG_j) \subset$ PGM $(AN_i,\ APG_j)$, d.h die Stammarbeitsplatzgruppe ist gleichzeitig Alternativarbeitsplatzgruppe.

zu werden jedem Mitarbeiter $AN_i \in PG_S$ die von ihm beherrschten Arbeits-platzgruppen $APG_j$ zugeordnet. Es gilt:

AA:     AN x APG  ----> { 0, 1 }
        $(AN_i, APG_j)$ ----> $AA_{i,j}$

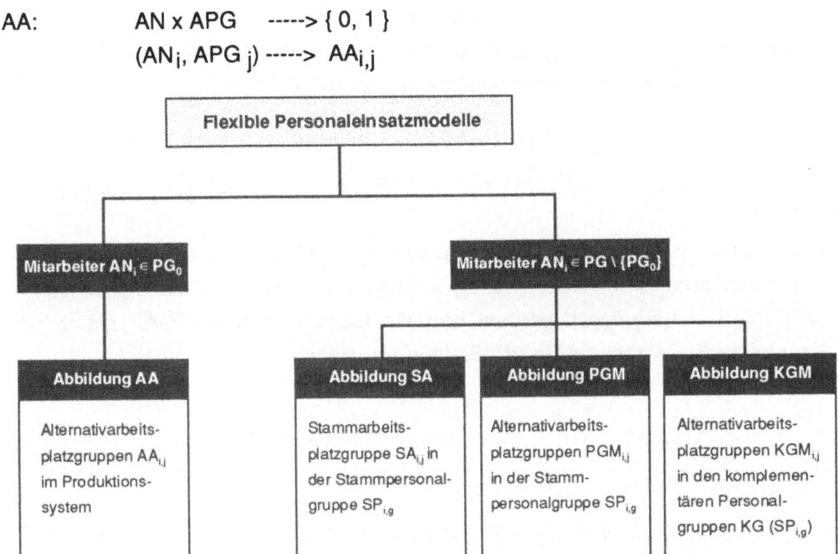


Bild 6.2.1-5: Flexible Personaleinsatzmodelle des Produktionssystems

Wie in Kapitel 3.2 dargestellt soll in der vorliegenden Arbeit für die Personalkapa-zitätsanpassung ein Arbeitszeitmodell zum Einsatz kommen, das die Arbeitszeit eines Mitarbeiters $AN_i$ durch die Zykluszeit und Arbeitszeitdauer je Planungszeit-abschnitt $PZA_t$ beschreibt. Die Entscheidung über die Lage der Arbeitszeit inner-halb des Planungszeitabschnittes $PZA_t$ soll von den Mitarbeitern $AN_i$ einer Ar-beitsplatzgruppe $APG_j$ eigenverantwortlich festgelegt werden, so daß die Lage der Arbeitzeit nicht im Modell abgebildet werden muß.

Die Zykluszeit stellt dabei den Arbeitszeitrahmen in Form einer planmäßigen Ge-samtarbeitszeit GAZ für einen Planungszeitraum mit der Intervallänge D dar. Die Menge $Z = \{ Z_v \mid v = 1, \ldots, V \}$ beschreibt alle Zykluszeiten. Die Abbildung ZA ordnet jeder Zykluszeit $Z_v$ eine Intervallänge D und eine Gesamtarbeitszeit GAZ zu. Es gilt.:

ZA:    $Z \dashrightarrow \Re \times \Re$

$\phantom{ZA:}\quad Z_v \dashrightarrow ZA\,(Z_v) = (D,\ GAZ)$


Zur Definition eines Arbeitszeitmodells muß neben der Zykluszeit, die verfügbare Arbeitszeitdauer je Planungszeitabschnitt $PZA_t$ beschrieben werden. Die Abbildung $AZM_{h,v}$ heißt Arbeitszeitmodell für die Zykluszeit $Z_v$. Es gilt:


$AZM_{h,v}$:    $\{Z_v\} \dashrightarrow \Re^{\Pi_1\,(\,ZA\,(\,Zv\,))}$

$\phantom{AZM_{h,v}:}\quad Z_v \dashrightarrow AZM\,(\,Z_v\,) = \{\,AZP_1,\ AZP_2,\ \ldots,\ AZP_{\Pi_1\,(\,ZA\,(\,Zv\,))}\}$


$AZM_{h,v}$ teilt somit die Gesamtarbeitszeit einer Zykluszeit $Z_v$ in planungszeitabschnittbezogene Arbeitszeiten $AZP_d$ auf. Bei der Festlegung der Arbeitszeiten $AZP_d$ muß sichergestellt werden, daß die Gesamtarbeitszeit GAZ gleich der Summe der Einzelzeiten $AZP_d$ ist. Es muß also gelten:


$$\sum_{d=1}^{D} AZP_d = \Pi_2\,(\,ZA\,(\,Zv\,)) \qquad \text{mit } AZ_d = \Pi_d\,(AZM\,(\,Z_v\,))$$


$AZM = \{AZM_m \mid h \in H(v),\ Z_v \in Z\}$ ist damit die Menge aller Arbeitszeitmodelle. Die Zuordnung eines Arbeitszeitmodells $AZM_{v,h}$ zu einem Arbeitnehmer $AN_i$ erfolgt durch die Abbildung AZE (Arbeitnehmerzeitmodelle). Sie ordnet einem Mitarbeiter ANi zu einem Startzeitpunkt $PZA_{t_s}$ ein Arbeitszeitmodell $AZM_{v,h}$ zu. Es gilt:


AZE:    $AN \dashrightarrow PZA \times AZM$

$\phantom{AZE:}\quad AN_i \dashrightarrow (PZA_{t_s} \times AZM_{v,h})$


## 6.2.2 Das dynamische Modell des Produktionssystems


Das dynamische Modell des Produktionssystems verfügt nicht über eigene Objekte, sondern es bildet auf der Basis der statischen Eigenschaften und Objekte des Produktionssystems zeitdynamische Systemzustände ab. Ergänzend zu den statischen Elementen beschreibt das dynamische Modell des Produktionssystems dynamische Elemente in Form von Zeitleisten. Mit Hilfe der Zeitleisten werden die Informationsklassen Verfügbarkeit, Bedarf, Belegung und Bestand für alle zur

Leistungserstellung notwendigen Ressourcen abgebildet. Zum Zwecke der Planung können prinzipiell vier Gruppen von Zeitleisten[102] unterschieden werden:

◻ Bedarfsleisten,
◻ Verfügbarkeitsleisten,
◻ Belegungsleisten und
◻ Bestandsleisten.

Der Bedarf an zu produzierenden Positionen $P_n$ pro Planungszeitabschnitt $PZA_t$ wird in Form einer Bedarfsleiste, dem Produktionsplan, geführt. Die Abbildung PP beschreibt den Produktionsplan. Es gilt:

$$PP: \qquad PZA \times P \quad \text{-----}> \Re$$
$$( PZA_t , P_n ) \text{-----}> BM_{t,n}$$

Im Rahmen der Personalbedarfsermittlung wird in der vorliegenden Arbeit eine Belegungsrechnung durchgeführt, bei der der Produktionsplan in eine Belegungsleiste für die einzelnen Arbeitsplatzgruppen des Produktionssystems transformiert und anschließend der Personalbedarf für jede Arbeitsplatzgruppe $APG_j$ ermittelt wird. Die Abbildung PBA beschreibt den Personalbedarf für jede Arbeitsplatzgruppe $APG_j$. Es gilt:

$$PBA: \qquad APG \times PZA \quad \text{------}> \Re$$
$$( APG_j , PZA_t ) \text{-----}> PKB_{j,\,t}$$

Die Abbildung PBP stellt eine Aggregation der Personalbedarfe der einzelnen Arbeitsplatzgruppen eines Produktionsbereichs $PB_b$ dar. Sie beschreibt also den Personalbedarf je Produktionsbereich $PB_b$. Es gilt:

---

[102] Bedarfsleisten stellen den Bedarf an einer Ressource oder einer Position über den Planungshorizont dar. Verfügbarkeitsleisten stellen das Angebot einer Ressource oder einer Position dar. Die Belegungsleiste stellt die Belegung einer Ressource dar. Aus Bedarfs- und Verfügbarkeitsleiste wird im Rahmen des Planungsprozesses die Belegungsleiste einzelner Ressourcen erzeugt. Die Bestandsleiste stellt den Bestandsverlauf einer zu disponierenden Ressource dar. Der Bestandsverlauf ergibt sich aus dem geplanten Angebot (Verfügbarkeitsleiste) minus dem Verbrauch der Ressource (Belegungsleiste). Ziel der Planung muß es sein, die Ressourcenbereitstellung auf den Ressourcenverbrauch abzustimmen. Um unnötige Ressourcenbestände und damit einen unwirtschaftlichen Leistungserstellungsprozeß zu vermeiden, muß es ferner das Ziel sein, eine vollständige Überlappung von Ressourcenbereitstellung und -verbrauch zu realisieren /29/

PBP:        PB x PZA        ------> $\Re$
            ( $PB_b$ , $PZA_t$ ) -----> $PKB_{b,t}$

Die Verfügbarkeit des Personals wird über zwei unterschiedliche Verfügbarkeitsleisten beschrieben. Der Anwesenheitsplan beschreibt über eine binäre Logik, ob
ein Mitarbeiter planmäßig anwesend sein wird oder aufgrund von Urlaub, Krankheit, Weiterbildung etc. nicht zur Verfügung steht. Der Anwesenheitsplan wird
durch die Abbildung ANW beschrieben. Es gilt:

ANW:        AN x PZA        -----> { 0, 1 }
            ( $AN_i$ , $PZA_t$ ) -----> $ANW_{i,t}$

Der Arbeitszeitplan beschreibt hingegen die verfügbare Personalkapazität in
Stunden. Dazu werden im Arbeitszeitplan die geplanten Arbeitszeiten eines Mitarbeiters $AN_i$ je Planungszeitabschnitt $PZA_t$ fortgeschrieben. Der Arbeitszeitplan
beschreibt somit das mitarbeiterbezogene Kapazitätsangebot. Er wird durch die
Abbildung AZ beschrieben, für die gilt:

AZ:         AN x PZA        -----> $\Re$
            ( $AN_i$ , $PZA_t$ ) -----> $AZ_{i,t}$

Die Aggregation der geplanten Arbeitszeiten $AZ_{i,t}$ der einzelnen Mitarbeiter zu
einem Gesamtpersonalangebot einer Personalgruppe $PG_g$ wird im Personalangebotsplan beschrieben. Der Personalangebotsplan wird durch die Abbildung
PA beschrieben:

PA:         PG x PZA        -----> $\Re$
            ( $PG_g$ , $PZA_t$ ) -----> $PA_{g,t}$

Die Personalzuordnung stellt eine Belegungsrechnung dar, bei der dem Personalbedarf der einzelnen Arbeitsplatzgruppen das verfügbare Personalangebot gegenübergestellt wird. Ergebnis der Personalzuordnung ist zum einen ein Personalverteilungsplan, der die Mitarbeiter $AN_i$ pro Planungszeitabschnitt $PZA_t$ einer
Personalgruppe $PG_g$ zuordnet. Der Personalverteilungsplan wird durch die Abbildung PV beschrieben:

PV:        AN x PG x PZA      -----> { 0, 1 }
           ( $AN_i$, $PG_g$ , $PZA_t$ ) -----> $PV_{i,g,t}$

Zum anderen ist das Ergebnis der Personalzuordnung ein Personaleinsatzplan, der den Mitarbeiter $AN_i$ pro Planungszeitabschnitt $PZA_t$ einer Arbeitsplatzgruppe $APG_j$ zuordnet. Der Personaleinsatzplan wird durch die Abbildung PE beschrieben:

PE:        AN x APG x PZA     -----> { 0, 1 }
           ( $AN_i$ , $APG_t$ , $PZA_t$ ) -----> $PE_{i,j,t}$

Ziel der mittelfristigen Personalkapazitätsanpassung ist es, das Personal so einzuplanen, daß der Produktionsplan gedeckt und die Personalkapazität ausgelastet, d.h. die Bestandsleiste des Personals minimiert wird. Die Bestandsleiste des Personals wird durch die Abbildung PPL (Personalpool) dargestellt, die über eine binäre Logik das noch nicht verplante Personal je Planungszeitabschnitt $PZA_t$ beschreibt:

PPL:       AN x PZA      -----> { 0, 1 }
           ( $AN_i$ , $PZA_t$ ) -----> $PPL_{i,t}$

Zusammenfassend läßt sich festhalten: Wie in Bild 6.2.2.1 dargestellt können die Elemente des dynamischen Modells in drei Klassen unterteilt werden. Die Zeitleisten PP, PBA, PBP stellen Bedarfsleisten dar, mit Hilfe deren im Rahmen der Personalbedarfsermittlung der Positionsbedarf (aus PP) in einen bereichsbezogenen Personalbedarf (PBP) und einen arbeitsplatzgruppenbezogenen Personalbedarf (PBA) transformiert wird.

Bei den Zeitleisten ANW, AZ, PA handelt es sich um Verfügbarkeitsleisten, die als Ergebnis der Personalangebotsermittlung die verfügbare Personalkapazität im Zeitverlauf beschreiben. Während die Abbildung ANW festlegt, ob ein Mitarbeiter $AN_i$ im Planungszeitabschnitt $PZA_t$ verfügbar ist, beschreibt die Abbildung AZ planmäßige Arbeitszeiten der Mitarbeiter. Aus der gemeinsamen Betrachtung von ANW und AZ ergibt sich das verfügbare Personalangebot, das in der Abbildung PA personalgruppenbezogen dargestellt wird.

Die Belegungsleisten PV und PE sowie die Bestandsleiste PPL dienen zur Protokollierung der Planungsergebnisse im Rahmen der Personalzuordnung. Während
die Abbildung PV die Verteilung des Personals auf die einzelnen Personalgruppen je Planungszeitabschnitt $PZA_t$ beschreibt, legt die Abbildung PE den
Personaleinsatz arbeitsplatzgruppengenau je Planungszeitabschnitt $PZA_t$ fest.
Die Bestandsleiste PPL ergibt sich aus der Differenzbetrachtung der Abbildungen
ANW, AZ und PE und beschreibt die verbleibende Personalkapazität.

| | PP | PBA | PBP | ANW | AZ | PA | PV | PZ | PPL |
|---|---|---|---|---|---|---|---|---|---|
| Bedarfs-leiste | X | X | X | | | | | | |
| Verfügbar-keitsleiste | | | | X | X | X | | | |
| Belegungs-leiste | | | | | | | X | X | |
| Bestands-leiste | | | | | | | | | X |
| | Personalbedarfs-ermittlung | | | Personalangebots-ermittlung | | | Personalzuordnung | | |

Bild 6.2.2-1: Zeitleisten zur Beschreibung der Systemzustände des Produktionsystems

## 6.3 Modell der Personalbedarfsermittlung

Entsprechend den Ausführungen in Kapitel 3.1 wird die Arbeitsaufgabe und damit der Umfang bzw. die Art des Personalbedarfs im Zeitverlauf durch den Produktionsplan als Ergebnis der Mengen- und Terminplanung vorgegeben. Im Produktionsplan werden für alle zu produzierenden Positionen $P_n$ der Kapazitätsbedarf pro Arbeitsplatzgruppe in Form eines Auftragsloses pro Planungszeitabschnitt dargestellt (vgl. Bild 6.3.-1).

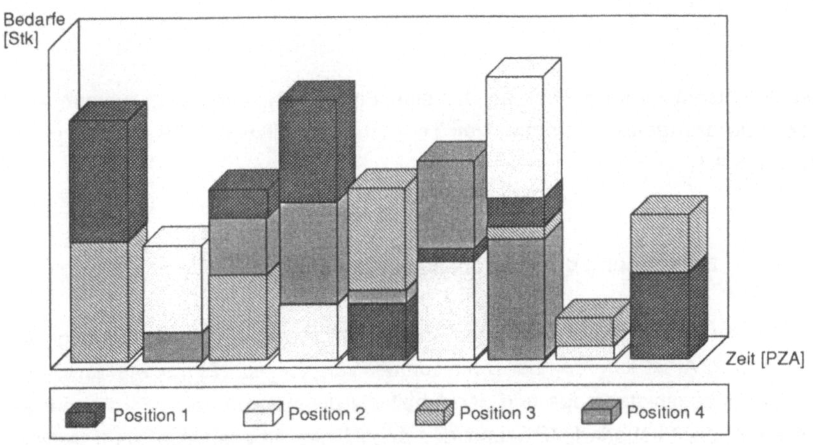


Bild 6.3-1: Produktionsplan für eine Arbeitsplatzgruppe APGj

Während die langfristige Personalbedarfsermittlung auf Basis des Produktionsprogramms unter Berücksichtigung von Einflußfaktoren wie Fluktuation, Krankheit, Urlaub etc. den Personalbruttobedarf ermittelt, ist es die Aufgabe der mittelfristigen Personalbedarfsermittlung den erforderlichen Personaleinsatzbedarf je Arbeitsplatzgruppe $APG_j$ pro Planungszeitabschnitt $PZA_t$ zu bestimmen, so daß der vorgegebene Produktionsplan termingerecht erfüllt werden kann[103]. Dazu gilt es zunächst den Kapazitätsbedarf je Arbeitsplatzgruppe $APG_j$ und Planungszeitabschnitt $PZA_t$ zu berechnen.

---

[103] Der Personalbruttobedarf setzt sich zusammen aus dem Personaleinsatzbedarf und dem Personalreservebedarf. Zur genauen Definition des Personaleinsatz- und Personalreservebedarfs vgl. REFA /99/

### 6.3.1 Berechnung des Kapazitätsbedarfs

Der Kapazitätsbedarf je Auftragslos einer Position $P_n$ für einen Planungszeitabschnitt $PZA_t$ ergibt sich aus dem Produkt der Bedarfsmenge $BM_{t,n}$ und der Vorgabezeit $TE_{j,n}$. Der Kapazitätsbedarf aller Positionen $P_n$, die um die Kapazität einer Arbeitsplatzgruppe $APG_j$ je Planungszeitabschnitt $PZA_t$ konkurrieren, kann wie folgt berechnet werden:

$$KB_{j,t} = \sum_{n=1}^{N} TE_{j,n} * BM_{t,n}$$

Die Arbeitsplatzgruppe $APG_j$ an der eine Position $P_n$ hergestellt werden kann sowie die dazugehörige Vorgabezeit $Te_{j,n}$ ist im Arbeitsplan ARP festgelegt (vgl. Kapitel 6.2.1)


### 6.3.2 Berechnung des Personalkapazitätsbedarfs

Der Personalkapazitätsbedarf einer Arbeitsplatzgruppe $APG_j$ pro Planungszeitabschnitt $PZA_t$ ist aufgrund der Definition der Vorgabezeit $TE_{j,n}$ sowie der Definition der Arbeitsplatzgruppe und der Arbeitsplatzlinie (vgl. Kapitel 6.1.2) vom aktuellen Kapazitätsbedarf $KB_{j,t}$ und der Anzahl der Arbeitsplätze einer Arbeitsplatzlinie $AAPL_j$ abhängig. Der Personalkapazitätsbedarf $PKB_{j,t}$ berechnet sich wie folgt:

$$PKB_{j,t} = KB_{j,t} * AAPL_j$$

Ergebnis der Personalbedarfsermittlung ist somit der Personalbedarfsplan PBA, der für jede Arbeitsplatzgruppe $APG_j$ den Personalkapazitätsbedarf $PKB_{j,t}$ pro Planungszeitabschnitt $PZA_t$ festlegt. Der Personalbedarf $PKB_{b,t}$ eines Produktionsbereichs $PB_b$ für einen Planungszeitabschnitt $PZA_t$ ergibt sich aus der Summe der Personalkapazitätsbedarfe $PKB_{j,t}$ der einzelnen Arbeitsplatzgruppen $APG_j$. Es gilt:

$$PKB_{b,t} = \sum_{j=1}^{J} PKB_{j,t} \quad \text{für alle } j \in PB_b$$

# 6.4 Modell der Personalangebotsermittlung

Aufgabe der Personalangebotsermittlung ist es, durch eine gezielte Informationsaufbereitung das qualitative und quantitative Personalangebot für eine formalisierte Personalkapazitätsanpassung zu beschreiben. Dazu sollen aufbauend auf den Erkenntnissen aus Kapitel 4.2 und 4.3 Kennzahlen zur Beschreibung der Eignung des verfügbaren Personalangebots entwickelt werden. Desweiteren gilt es Funktionen zur quantitativen Personalangebotsermittlung zu entwickeln.


## 6.4.1 Eignung des Personalangebots

Die Qualifikation beschreibt das Arbeitsvermögen einer Arbeitskraft, d.h. die Gesamtheit an Fähigkeiten und Fertigkeiten die eine Arbeitskraft durch Ausbildung, Weiterbildung und berufliche Erfahrung zur Erfüllung der Arbeitsanforderungen erworben hat. Nach GUTENBERG /57/ können folgende Ausprägungen der Qualifikation unterschieden werden:

- realisierte Qualifikationen
- latente, sofort realisierbare Qualifikationen und
- latente, durch Ausbildung realisierbare Qualifikationen.

Die latenten, sofort realisierbaren sowie die latenten, durch Ausbildung realisierbaren Qualifikationen stellen Qualifikationspotentiale dar, die durch die Anpassung der Fähigkeiten und Fertigkeiten des Personals erschlossen werden können. Wie im Kapitel 2.2.3 bereits dargestellt, sollen in der vorliegenden Arbeit keine Anpassungsprobleme bewältigt werden. Die Aufgabe der mittelfristigen Personalkapazitätsanpassung liegt in einer eignungsgerechten Zuordnung der Arbeitnehmer $AN_i$ zu Arbeitsplatzgruppen $APG_j$ auf Basis der realisierten Qualifikation.

Die Eignung eines Mitarbeiters $AN_i$ für eine bestimmte Arbeitsplatzgruppe $APG_j$ resultiert aus dem Vergleich des Anforderungsprofils der Arbeitsplatzgruppe mit dem Qualifikationsprofil des Mitarbeiters $AN_i$. Aufbauend auf den Erkenntnissen aus Kapitel 4.2 soll die Eignung eines Mitarbeiters $AN_i$ für eine Arbeitsplatzgruppe $APG_j$ gemäß dem Modell von MEIRITZ /86/ durch einen Eignungskoeffizienten

$E_{i,j}$ beschrieben werden[104] . Er ist ein Maß für die Vorteilhaftigkeit der Zuordnung des Mitarbeiters $AN_i$ zur Arbeitsplatzgruppe $APG_j$. Die Abbildung EA beschreibt für alle Mitarbeiter $AN_i$ des Produktionssystems die Eignungskoeffizienten für ihre Stamm- und Alternativarbeitsplatzgruppen. Es gilt:

$$EA: \quad AN \times APG \quad \text{-----} > [\,0\,,\,1]$$
$$( AN_i\,,\,APG_j )\,\text{-----} > E_{i,j}$$

Wie oben dargestellt, wird zur Skalierung des Eignungskoeffiziente ein Zahlenintervall aus der rellen Zahlenmenge zwischen 0 und 1 gewählt. Die Eignung eines Mitarbeiters für eine Arbeitsplatzgruppe ist danach umso besser, je größer der Eignungskoeffizient ist. Hat ein Mitarbeiter $AN_i$ einen Eignungskoeffizienten $E_{i,j}$ = 1 für eine Arbeitsplatzgruppe $APG_j$ so ist er für diese Arbeitsplatzgruppe optimal geeignet. Hat er dagegen einen Eignungskoeffizienten $E_{i,j}$ = 0 so ist er für diese Arbeitsplatzgruppe ungeeignet.

Der Eignungskoeffizient $E_{i,j}$ stellt somit ein Maß für die eignungsgerechte Zuordnung eines Mitarbeiters $AN_i$ zu einer Arbeitsplatzgruppe $APG_j$ im Rahmen der Optimierungsfunktion dar. Als Maß für die eignungsgerechte Versetzung eines Mitarbeiters $AN_i$ in eine andere Personalgruppe $PG_g$ im Rahmen der Ausgleichs- und Überbrückungsfunktion dient der Eignungskoeffizient $E_{i,g}$. Er beschreibt die durchschnittliche Eignung eines Mitarbeiters $AN_i$ für den zu einer Personalgruppe $PG_g$ zugehörigen Produktionsbereich $PB_b$. Der Eignungskoeffizient $E_{i,b}$ berechnet sich aus dem Eignungskoeffizienten $E_{i,j}$ wie folgt:

$$E_{i,b} = \frac{1}{np} \sum_{j=1}^{J} E_{i,j} \qquad \text{für alle } APG_j \in PB_b$$

Die Abbildung EP beschreibt für alle Mitarbeiter $AN_i$ des Produktionssystems die Eignungskoeffizienten für alle Personalgruppen bzw. den zugehörigen Produktionsbereichen. Es gilt:

---

[104] Wie in Kapitel 4 4 dargestellt, werden in der Literatur verschiedene Verfahren zur Ermittlung des Eignungskoeffizienten dargestellt Ohne ein spezielles Verfahren präferieren zu wollen, wird in der vorligenden Arbeit der Eignungskoeffizient als gegeben vorausgesetzt

EP:    AN x PB      -----> [ 0 , 1 ]

   ( $AN_i$ , $PB_g$ ) -----> $E_{i,b}$

Die Basis für die eignungsgerechte Personalzuordnung stellt somit die beiden Abbildungen EA und EP dar. Sie haben für den in der vorliegenden Aufgabenstellung zugrundeliegenden Planungszeitraum einen statischen Charakter. In der betrieblichen Praxis müssen sie jedoch immer dann aktualisiert werden, wenn sich die Mitarbeiterqualifikation im Rahmen von Maßnahmen zur Personalentwicklung oder das Anforderungsprofil einer Arbeitsplatzgruppe $APG_j$ durch die Einführung bzw. Veränderung der Technologie geändert haben.


### 6.4.2    Quantitative Personalangebotsermittlung

Ausgangsbasis für die quantitative Personalangebotsermittlung ist der Anwesenheitsplan ANW. Dieser basiert auf einem in der Praxis weit verbreiteten Instrument zur Urlaubs-, Weiter- und Fortbildungsplanung sowie zur Protokollierung von Krankheitsausfällen. Er stellt die optimale Informationsbasis zur Ermittlung der zeitlichen Verfügbarkeit eines Mitarbeiters $AN_i$ im Planungszeitabschnitt $PZA_t$ dar. Gemäß der in Kapitel 6.2.2 definierten Abbildung ANW des Anwesenheitsplans ist ein Mitarbeiter $AN_i$ im Planungszeitabschnitt $PZA_t$ verfügbar, wenn gilt: $ANW_{i,t} = 1$. Für den Fall $ANW_{i,t} = 0$ gilt, daß der Mitarbeiter $AN_i$ im Planungszeitabschnitt $PZA_t$ nicht verfügbar ist.


Zur Beschreibung des quantitativen Personalangebots pro Planungszeitabschnitt dient die Abbildung der Arbeitszeit AZ. Sie beschreibt die Arbeitszeit $AZ_{i,t}$ aller Mitarbeiter $AN_i$ pro Planungszeitabschnitt $PZA_t$ für alle Planungszeitabschnitte des Planungshorizonts T. Durch die Abbildung AZE wird einem Mitarbeiter $AN_i$ ein Arbeitszeitmodell $AZM_{v,h}$ für einen Planungszeitraum ($t_s \leq t \leq t_s + D - 1$) zugeordnet. Aufgabe der Personalangebotsermittlung ist es, auf Basis dieses Arbeitszeitmodells die quantitative Verfügbarkeit eines Mitarbeiter $AN_i$ je Planungszeitabschnitt $PZA_t$ in Form der Arbeitszeit $AZ_{i,t}$ zu ermitteln. Die Arbeitszeit $AZ_{i,t}$ eines Arbeitnehmers $AN_i$ im Planungszeitabschnitt $PZA_t$ berechnet sich dabei wie folgt:

$$
\begin{aligned}
AZ_{i,t} &= AZ(\ AN_i,\ PZA_t\ ) \\
&= \Pi_1\ (\ \Pi_2\ (AZE\ (AN_i)))\ (Z_v) \\
&= \Pi_1\ (AZM_{h,v}\ (Z_v) \\
&= \Pi_{t-t_s+1}\ (AZP_1,\ AZP_2,\ \ldots,\ AZP_{\Pi_1}\ (\ ZA\ (\ Zv\ )))
\end{aligned}
$$

Das verfügbare Personalangebot $PA_{g,t}$ einer Personalgruppe $PG_g$ für einen Planungszeitabschnitt $PZA_t$ ergibt sich somit aus der Summe der Arbeitszeiten $AZ_{i,t}$ der anwesenden Mitarbeiter $AN_i$. Es gilt:

$$
PA_{g,t} = \sum_{i=1}^{I} AZ_{i,t} * ANW_{i,t} \qquad \text{für alle } AN_i \in PG_g
$$

## 6.5     Modell der Personalzuordnung

Aufbauend auf den Ergebnissen der Personalbedarfs- und Personalangebotsermittlung ermittelt die Personalzuordnung durch die Anwendung der in Kapitel 3.2 aufgestellten Planungsfunktionen den optimalen Personaleinsatz. Die Optimierungskriterien basieren dabei auf den Zielsetzungen

❏ Bedarfsdeckung,

❏ Personalauslastung,

❏ Eignungsdeckung und

❏ Neigungsdeckung

des Zielraums der Personalzuordnung. Die Planungsfunktionen stehen bisher noch nicht in geeigneter Form zur Verfügung und werden daher nachfolgend modelliert. Dazu müssen zunächst die Planungsfunktionen mit Hilfe von Zielfunktionen[105] im festgelegten Zielraum abgebildet und anschließend die dazugehörigen Lösungsmodelle entwickelt werden. Bei diesen Lösungsmodellen handelt es sich um Zuordnungsmodelle, die die Mitarbeiter den anfallenden Arbeitsaufgaben im Produktionssystem auf unterschiedlichen Aggregationsstufen zuordnen.

---

[105] Die Zielfunktionen quantifizieren für die kritischen Erfolgsfaktoren eines Zielbereich die notwendigen Zielbeiträge als Voraussetzung für den ganzheitlichen Unternehmenserfolg. Die Quantifizierung erfolgt dabei über Zielgrößen. Die Zielgrößen sind in der Regel Kennzahlen, die im Sinne von Führungsgrößen den Planungsprozeß lenken.

## 6.5.1 Methodischer Lösungsansatz

Die zu entwickelnden Zuordnungsmodelle stellen Entscheidungsmodelle dar, die das Entscheidungsfeld des Entscheidungsträgers abbilden und die Entscheidungsfindung simulieren. Die Modellbildung erfolgt dabei abhängig von der spezifischen Problemstruktur sowie der Genauigkeit und dem Detaillierungsgrad der vorliegenden Informationen über die Entscheidungssituation. Wie in Kapitel 4 gezeigt, können hierzu scharfe Lösungsmodelle auf Basis von exakten und heuristischen Verfahren sowie unscharfe Lösungsmodelle auf Basis der Fuzzy-Set-Theorie zur Anwendung kommen.

Während die scharfen Lösungsmodelle in der Regel das Entscheidungsfeld mit einer beschränkten deskriptorischen Leistungsfähigkeit abbilden und die Entscheidungsfindung über eine eindimensionale Zielstellung durchführen, wird die Entscheidungssituation bei unscharfen Lösungsmodellen mit einer höheren deskriptorischer Leistungsfähigkeit abgebildet und die Entscheidungsfindung über einen mehrdimensionalen Zielraum simuliert. Dementsprechend zeichnen sich unscharfe Lösungsansätze durch eine bessere Wahrnehmung der Realität aus.

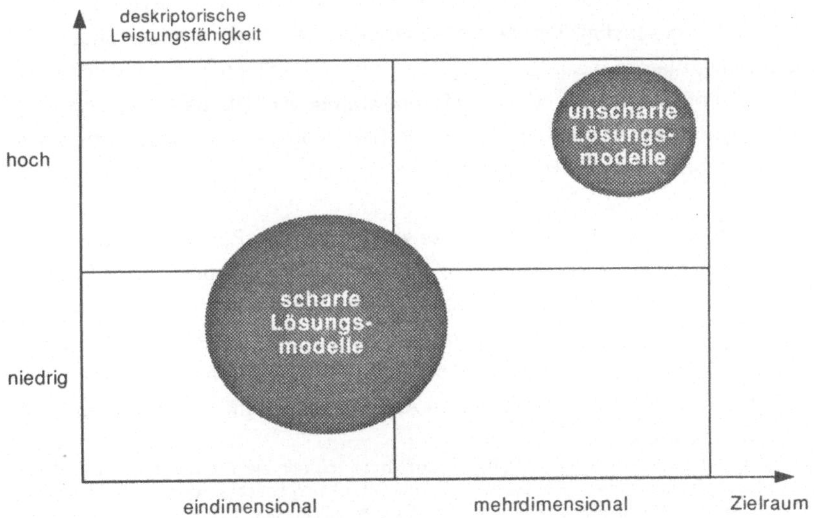


Bild 6.5-1: Vergleich von scharfen und unscharfen Lösungsmodellen

Da es sich bei der vorliegenden Aufgabenstellung der Personalzuordnung um ein Optimierungsproblem mit einem mehrdimensionalen Zielraum handelt, zudem die Individualität des Personals sehr hohe Anforderungen an die deskriptorische Leistungsfähigkeit eines Planungsverfahrens stellt, soll das Personalzuordnungsproblem mit einem unscharfen Zuordnungsmodell gelöst werden. Aufgrund der Erkenntnisse aus Kapitel 4.4 sollen dazu alle drei Zuordnungsprobleme, d.h. die Ausgleichs-, Überbrückungs- und Optimierungsfunktion, auf Basis des unscharfen linearen Kompromißansatzes modelliert werden.


### 6.5.2    Zielraum der Ausgleichsfunktion

Die Aufgabe der Ausgleichsfunktion ist es, basierend auf dem Komplementärgruppenmodell Personalunterdeckungen innerhalb einer Personalgruppe durch Personalüberdeckungen in einer anderen Personalgruppe zu kompensieren. Treten beispielsweise aufgrund der aktuellen Personalbedarfs- und Personalangebotssituation in einer Personalgruppe $PG_{g_1}$ Personalunterdeckungen und in einer anderen Personalgruppe $PG_{g_2}$ Personalüberhänge auf, die nicht bereichbezogen gelöst werden können, so können, sofern die Personalgruppe $PG_{g_1}$ Komplementärgruppe zur Personalgruppe $PG_{g_2}$ ist (d.h. $PG_{g_1} = KG(PG_{g_2})$), mit Hilfe der Ausgleichsfunktion bereichsübergreifende Personalversetzungen zur Personalkapazitätsanpassung durchgeführt werden. Abhängig von der Höhe und Dauer der Personalunter- und -überdeckung werden mit Hilfe der Ausgleichsfunktion ein oder mehrere Mitarbeiter für einen bzw. mehrere Planungszeitabschnitte des Planungszeitraums $PZR_r$ versetzt.

Die Problemstruktur der Personalversetzung zwischen Personalgruppen kann sich aufgrund arbeitsrechtlicher[106] sowie motivatorischer Aspekte abhängig vom Anwendungsfall als sehr komplex entpuppen. Es soll daher ein interaktives Zuordnungsmodell konzipiert werden, das dem Entscheidungsträger auf Basis des definierten Zielraums der Personalzuordnung Lösungsvorschläge generiert. Die motivatorischen sowie arbeitsrechtlichen Aspekte sollen vom Entscheidungsträger

---

[106] Neben betriebsverfassungsrechtlichen Grundsätzen müssen die Arbeitsschutz- und Unfallverhütungsvorschriften sowie die Arbeitsstättenverordnung beachtet werden. Zudem gilt es für besondere Personengruppen besondere Einsatzbedingungen zu berücksichtigen. Zu diesen Personengruppen zählen jugendliche Arbeitnehmer und Auszubildende, ältere Arbeitnehmer, leistungsgewandelte Arbeitnehmer und Schwerbehinderte sowie Frauen und Mütter.

bei der Entscheidungsfindung interaktiv mit einfließen und daher nicht in der Problemstruktur des Zuordnungsmodells abgebildet werden.

Zur Lösung dieses Zuordnungsproblems sind zunächst dem allgemeinen Zielraum der Personalzuordnung die Zielfunktionen der Ausgleichsfunktion zu entwickeln, anhand deren die Personalversetzungen der Mitarbeiter $AN_i \in [PG_{g_1}, PG_{g_2}]$ für die Planungszeitabschnitte $PZA_t \in PZR_r$ mit Hilfe des unscharfen linearen Kompromißansatzes durchgeführt werden sollen.

Aus der Zielstellung der Bedarfsdeckung des allgemeinen Zielraums der Personalzuordnung leitet sich für die Ausgleichsfunktion die Zielfunktion der Personalkapazitätsbedarfsdeckung in den Personalgruppen $PG_{g_1}$ und $PG_{g_2}$ als Voraussetzung für eine bedarfsorientierte Produktion ab. Zur Optimierung der Personalkapazitätsbedarfsdeckung ist zunächst die maximal zulässige Bedarfsabweichung als intervallmäßige Unschärfe zu definieren, ab der die Personalzuordnung im Sinne der Bedarfsorientierung als optimal angesehen werden kann. Da im vorliegenden Fall sowohl eine zulässige Bedarfüberdeckung als auch eine Bedarfsunterdeckung abgebildet werden soll, muß eine obere und eine untere Grenze des Akzeptanzbereichs definiert werden. Unter der Annahme, daß die obere und untere Abweichungsgrenze jeweils gleich groß sein sollen, genügt die Festlegung eines zulässigen Abweichungswertes $MA_{PKB,g,t}$ für jede Personalgruppe $PG_g$ und jeden Planungszeitabschnitt $PZA_t$. Die Zielfunktion der Personalkapazitätsbedarfsdeckung ergibt sich somit zu einem Ungleichungspaar, indem die intervallmäßige Unschärfe in dem Zielfunktionswert des Personalkapazitätsbedarfs $PKB_{g,t}$[107] als maximal zulässige obere und untere Abweichungsgrenze abgebildet ist. Es gilt:

$$- \tau * MA_{PKB,g,t} + \sum_{i=1}^{I} AZ_{i,t} * ANW_{i,t} * PV_{i,g,t} \geq PKB_{g,t} - MA_{PKB,g,t}$$

$$\tau * MA_{PKB,g,t} + \sum_{i=1}^{I} AZ_{i,t} * ANW_{i,t} * PV_{i,g,t} \leq PKB_{g,t} + MA_{PKB,g,t}$$

---

[107] Der Personalkapazitätsbedarf $PKB_{g,t}$ einer Personalgruppe $PG_g$ ist gleich dem Personalkapazitätsbedarf $PKB_{b,t}$ des zugehörigen Produktionsbereichs $PB_b$ (d h $PG_g$ = BG($PB_b$)).

Die daraus resultierende Zugehörigkeitsfunktion des Unschärfebereichs der Zielfunktion ist in Bild 6.5.2-1 dargestellt.

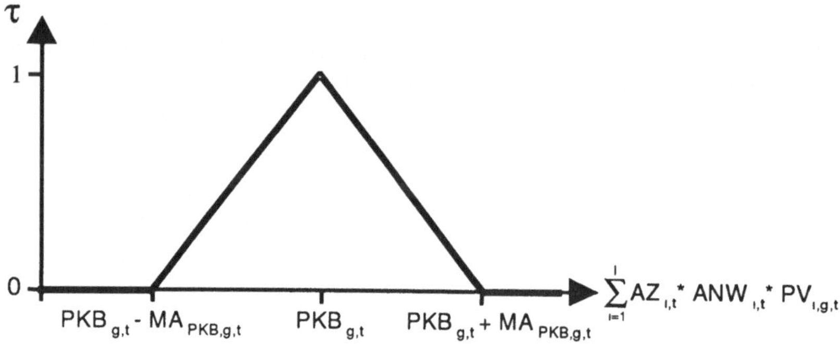


Bild 6.5.2-1: Die Zugehörigkeitsfunktion der Ausgleichsfunktion zur Personalkapazitätsbedarfsdeckung

Mit der Dreiecksform der Zugehörigkeitsfunktion ist die Zielfunktion der Bedarfsdeckung sehr hoch gewichtet. Prinzipiell besteht die Möglichkeit durch die Einführung eines Formparameters die Dreiecksform der Zugehörigkeitsfunktion in eine Trapezform zu transformieren. Dadurch kann die implizite Gewichtung, ohne die Grenzen für die zulässige Bedarfsabweichung zu ändern, abgeschwächt werden.

Aus der Zielstellung der Personalkapazitätsauslastung des allgemeinen Zielraums der Personalzuordnung leiten sich für die Ausgleichsfunktion die Zielfunktionen der Personalkapazitätsauslastung für die beiden Personalgruppen $PG_{g1}$ und $PG_{g2}$ ab. Analog zur Zielfunktion der Personaldeckung setzt sich die Zielfunktion der Personalkapazitätsauslastung aus einem Ungleichungspaar zusammen, das eine Personalunter- und -überdeckung in der Höhe des Abweichungswertes $MA_{PA,g,t}$ als Ergebnis der Planung zuläßt. Es gilt:

$$- \tau * MA_{PA,g,t} + \sum_{i=1}^{I} AZ_{i,t} * ANW_{i,t} * PV_{i,g,t} \geq PA_{g,t} - MA_{PA,g,t}$$

$$\tau * MA_{PA,g,t} + \sum_{i=1}^{I} AZ_{i,t} * ANW_{i,t} * PV_{i,g,t} \leq PA_{g,t} + MA_{PA,g,t}$$

Die daraus resultierende Zugehörigkeitsfunktion des Unschärfebereichs der Zielfunktion der Personalkapazitätsauslastung ist in Bild 6.5.2-2 dargestellt.

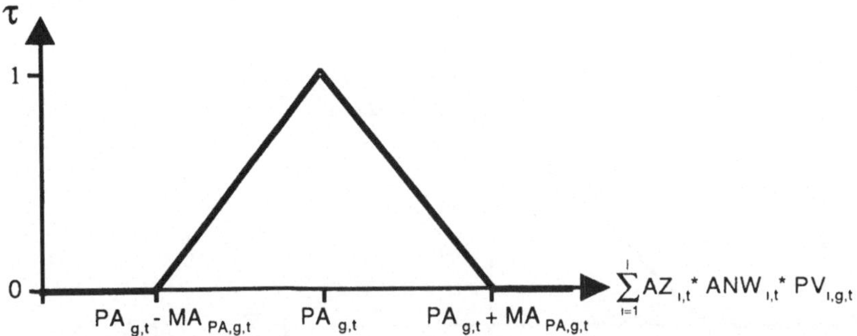


Bild 6.5.2-2:  Die Zugehörigkeitsfunktion der Ausgleichsfunktion zur Personalkapazitätsauslastung

Gemäß der allgemeinen Zielstellung der Eignungsdeckung des Zielraums der Personalzuordnung leiten sich für die Ausgleichsfunktion die Zielfunktionen der Eignungsgraddeckung für die beiden Personalgruppen $PG_{g1}$ und $PG_{g2}$ ab. Der Eignungsgrad eines Mitarbeiters $AN_i$ für eine Personalgruppe $PG_g$ wird entsprechend dem in Kapitel 6.4.1 entwickelten Modell der Eignungsbeschreibung durch den Eignungskoeffizienten $E_{i,g}$[108] beschrieben. Die Aufgabe der Zielfunktion Eignungsgraddeckung ist es, die Mitarbeiter $AN_i$ so auf die beiden Personalgruppen $PG_{g1}$ und $PG_{g2}$ zu verteilen, daß möglichst der Zielfunktionswert $EG_{g,t}$ erreicht, mindestens aber der Zielfunktionswert $EG_{g,t}$ - $MA_{EG,g,t}$ nicht unterschritten wird. Es gilt:

$$-\tau * MA_{EG,g,t} + \sum_{i=1}^{I} E_{i,g} * ANW_{i,t} * PV_{i,g,t} \geq EG_{g,t} - MA_{EG,g,t}$$

Damit gewährleistet diese Zielfunktion, daß der Eignungsgrad einer Personalgruppe in jedem Planungszeitabschnitt $PZA_t$ dem erfoderlichen Eignungsgrad

---

[108] Der Eignungskoeffizient $E_{i,g}$ eines Mitarbeiters $AN_i$ für eine Personalgruppe $PG_g$ ist dabei gleich dem Eignungskoeffizienten $E_{i,b}$ eines Mitarbeiters $AN_i$ für den zugehörigen Produktionsbereichs $PB_b$ (d h $PG_g$ = BG($PB_b$))

entspricht Die Zugehörigkeitsfunktion des Unschärfebereichs der Zielfunktion ist in Bild 6.5.2-3 dargestellt.

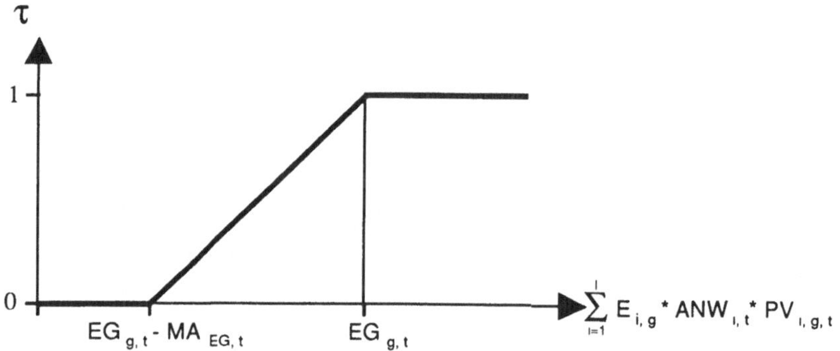


Bild 6.5.2-3: Die Zugehörigkeitsfunktion der Ausgleichsfunktion zur Eignungsgraddeckung

Da die Ausgleichsfunktion eine Planungsfunktion zur kapazitäts- und mitarbeiter-orientierten Bildung von Personalgruppen darstellt, muß es trotz angestrebter Personaleinsatzflexibilität das Ziel sein die Mitarbeiter so oft wie möglich in ihren Stammpersonalgruppen und so wenig wie nötig in den alternativen Personalgruppen gemäß dem Komplementärgruppenmodell einzusetzen. Aus der Zielstellung der Neigungsdeckung des allgemeinen Zielraums der Personalzuordnung leiten sich daher für die Ausgleichsfunktion die Zielfunktionen der Maximierung des Stammgruppeneinsatzes für die Mitarbeiter $AN_i$ der beiden Personalgruppen $PG_{g1}$ und $PG_{g2}$ ab. Die Aufgabe der Zielfunktion ist es dabei die Mitarbeiter $AN_i$ so auf die beiden Personalgruppen $PG_{g1}$ und $PG_{g2}$ zu verteilen, daß möglichst der Zielfunktionswert $SP_{g,t}$ erreicht, mindestens aber der Zielfunktionswert $SP_{g,t}$ - $MA_{SP,g,t}$ nicht unterschritten wird. Es gilt:

$$-\tau * MA_{SP,g,t} + \sum_{i=1}^{I} SP_{i,g} * ANW_{i,t} * PV_{i,g,t} \geq SP_{g,t} - MA_{SP,g,t}$$

Die daraus resultierende Zugehörigkeitsfunktion des Unschärfebereichs der Zielfunktion Maximierung des Stammgruppeneinsatzes ist in Bild 6.5.2-4 dargestellt.

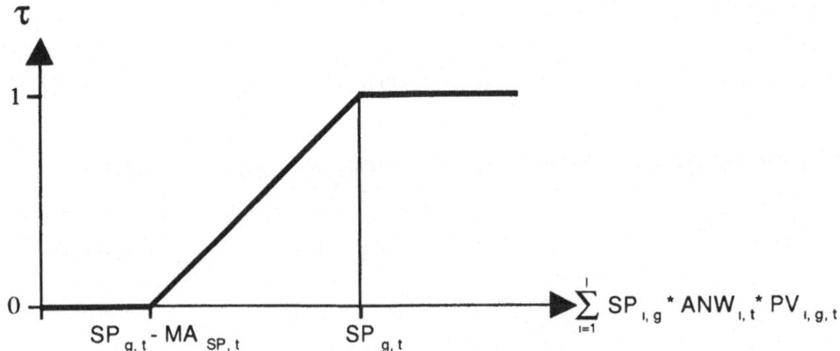


Bild 6.5.2-4: Die Zugehörigkeitsfunktion der Ausgleichsfunktion zur Maximierung des Stammgruppeneinsatzes

Das Gesamtergebnis sowie die Lösungseffizienz der Ausgleichsfunktion wird im wesentlichen durch die Zielfunktions- und Abweichungswerte der unscharfen Zielfunktionen bestimmt. Diese Werte sind vom Entscheidungsträger vorab zu definieren. Von der Wahl der Größe dieser Werte hängt der Einfluß der jeweiligen Zielfunktion ab. Je enger die Grenzen für den Akzeptanzbereich definiert werden, desto höher ist der Einfluß der Zielfunktion auf die Lösung des Optimierungsproblems. Die Zielfunktions- und Abweichungswerte stellen somit zugleich die interaktive Benutzerschnittstelle dar, um das Lösungsverhalten des Optimierungsverfahrens direkt durch das Erfahrungswissen des Disponenten beeinflussen zu können.

### 6.5.3 Unscharfes Lösungsmodell der Ausgleichsfunktion

Aufbauend auf den entwickelten Zielfunktionen als Zielkriterien für die Wirkrichtung der Ausgleichsfunktion kann nun das Lösungsmodell für den unscharfen linearen Kompromißansatz entwickelt werden. Unter zusätzlicher Berücksichtigung von Nebenbedingungen, die sich aus den Planungsprämissen des zugrundeliegenden Planungsmodells ergeben, nimmt der Kompromißansatz für die Ausgleichsfunktion folgende Form an:

Max $\tau$ unter der Bedingung

1) $\quad -\tau * MA_{PKB,g,t} + \sum_{i=1}^{I} AZ_{i,t} * ANW_{i,t} * PV_{i,g,t} \geq PKB_{g,t} - MA_{PKB,g,t}$ $\qquad$ für alle t, g

$\quad \tau * MA_{PKB,g,t} + \sum_{i=1}^{I} AZ_{i,t} * ANW_{i,t} * PV_{i,g,t} \leq PKB_{g,t} + MA_{PKB,g,t}$ $\qquad$ für alle t, g

2) $\quad -\tau * MA_{PA,g,t} + \sum_{i=1}^{I} AZ_{i,t} * ANW_{i,t} * PV_{i,g,t} \geq PA_{g,t} - MA_{PA,g,t}$ $\qquad$ für alle t, g

$\quad \tau * MA_{PA,g,t} + \sum_{i=1}^{I} AZ_{i,t} * ANW_{i,t} * PV_{i,g,t} \leq PA_{g,t} + MA_{PA,g,t}$ $\qquad$ für alle t, g

3) $\quad -\tau * MA_{EG,g,t} + \sum_{i=1}^{I} E_{i,g} * ANW_{i,t} * PV_{i,g,t} \geq EG_{g,t} - MA_{EG,g,t}$ $\qquad$ für alle t, g

4) $\quad -\tau * MA_{SP,g,t} + \sum_{i=1}^{I} SP_{i,g} * ANW_{i,t} * PV_{i,g,t} \geq SP_{g,t} - MA_{SP,g,t}$ $\qquad$ für alle t, g

5) $\qquad\qquad\qquad \sum_{i=1}^{I} E_{i,g} * PV_{i,g,t} > 0$ $\qquad$ für alle t, g

6) $\qquad\qquad\qquad \sum_{i=1}^{I} PV_{i,g,t} \leq 1$ $\qquad$ für alle t, g

mit: $\quad 0 \leq \tau \leq 1$

$$PV_{i,g,t} = \begin{cases} 1, & \text{wenn Mitarbeiter } AN_i \text{ im Planungszeitabschnitt } PZA_t \\ & \text{in der Personalgruppe } PG_g \text{ eingesetzt wird} \\ 0 & \text{sonst.} \end{cases}$$

Wie oben dargestellt, setzt sich das Lösungsmodell aus dem in Kapitel 6.5.2 entwickelten unscharfen Zielraum (Gleichung 1 bis 4) und den in Gleichung 5 und 6 dargestellten scharfen Nebenbedingungen zusammen. Die in Gleichung 5 formulierte Nebenbedingung stellt sicher, daß ein Mitarbeiter $AN_i$ nur dann einer Personalgruppe $PG_g$ zugeordnet wird, wenn sein Eigungskoeffizient $E_{i,g} > 0$ ist, d.h. er für die Personalgruppe geeignet ist. Die Nebenbedingung aus Gleichung 6 stellt sicher, daß ein Mitarbeiter $AN_i$ immer nur einmal pro Planungszeitabschnitt $PZA_t$ einer Personalgruppe $PG_g$ zugeordnet wird. Ziel des hier entwickelten Lösungsmodells der Ausgleichsfunktion ist es, die Kompromißgüte $\tau$, das Maß für die Güte der Lösung, zu maximieren, so daß der unscharfe Zielraum maximal erfüllt wird und zugleich die in den Gleichungen 5 und 6 dargestellten scharfen Nebenbedingungen eingehalten werden. Ergebnis der Ausgleichsfunktion ist die Kompromißgüte $\tau$ und der Personalverteilungsplan PV, der für die Personalgruppen $PG_{g_1}$ und $PG_{g_2}$ die Personalbesetzung für den Planungszeitraum $PZR_r$ beschreibt.

### 6.5.4  Zielraum der Überbrückungsfunktion

Die Aufgabe der Überbrückungsfunktion ist es, den Springereinsatz (d.h. den Einsatz der Mitarbeiter $AN_i$ der Personalgruppe $PG_S$) für einen Planungszeitraum $PZR_r$ zu planen. Wie in Bild 6.5.4-1 dargestellt basiert der unscharfe Zielraum der Überbrückungsfunktion prinzipiell auf den gleichen Optimierungszielsetzungen wie die Ausgleichsfunktion. Die einzige Ausnahme stellt die Zielfunktion der Neigungsdeckung dar.

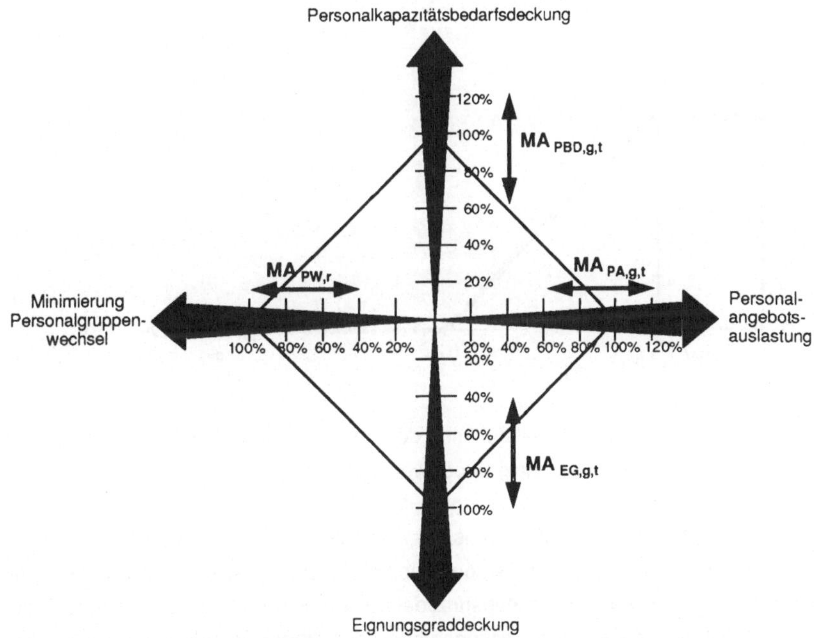


Bild 6.5.4-1:  Zielgrößen des unscharfen Zielraums der Überbrückungsfunktion

Während innerhalb des unscharfen Zielraums der Ausgleichsfunktion der Stammgruppeneinsatz maximiert wird, minimiert die Überbrückungsfunktion als Zielbeitrag zur Neigungsdeckung den Personalgruppenwechsel der Mitarbeiter $AN_i$ innerhalb eines Planungszeitraums $PZR_r$. Die Aufgabe der Zielfunktion ist es dabei die Mitarbeiter $AN_i$ so auf die Personalgruppen $PG_n$ zu verteilen, daß möglichst der Zielfunktionswert $PW_{i,r} - MA_{PW,i,r}$ erreicht, auf jeden Fall aber der Zielfunktionswert $PW_{i,r}$ nicht überschritten wird. Es gilt:

$$\tau * \text{-MA}_{PW,r} + \sum_{g=1}^{G} ANW_{i,t} * PV_{i,g,t} \leq PW_{i,r} + MA_{PW,i,r}$$

Die daraus resultierende Zugehörigkeitsfunktion des Unschärfebereichs der Zielfunktion Eignungsgraddeckung ist in Bild 6.5.4-2 dargestellt.

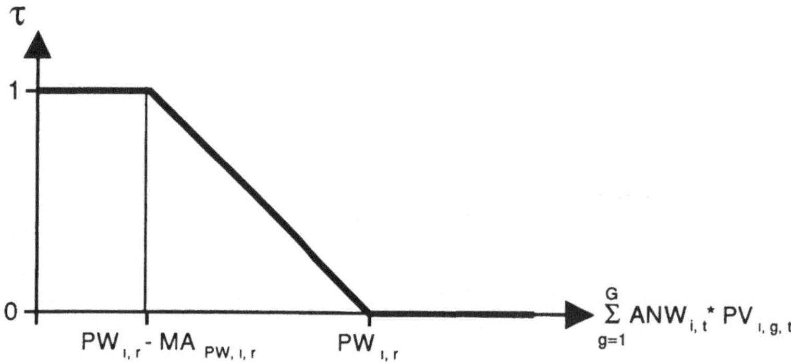


Bild 6.5.4-2: Die Zugehörigkeitsfunktion der Überbrückungsfunktion zur Minimierung des Personalgruppenwechsels

Aufgrund der Analogie des Zielraums der Ausgleichs- und Überbrückungsfunktion sollen die Zielfunktionen zur Personalkapazitätsbedarfsdeckung, Personalangebotsauslastung sowie zur Eignungsgraddeckung nicht in aller Ausführlichkeit hergeleitet, sondern gleich das Lösungsmodell der Überbrückungsfunktion im Gesamtüberblick vorgestellt werden.

## 6.5.5 Unscharfes Lösungsmodell der Überbrückungsfunktion

Der unscharfe lineare Kompromißansatz mit vollständiger Berücksichtigung des entwickelten Zielraums sowie den Planungsprämissen entsprechend dem Planungsmodell hat für die Überbrückungsfunktion folgende Form:

Max $\tau$ unter der Bedingung

1)
$$-\tau * MA_{PBD,g,t} + \sum_{i=1}^{I} AZ_{i,t} * ANW_{i,t} * PV_{i,g,t} \geq PBD_{g,t} - MA_{PBD,g,t} \qquad \text{für alle t, g}$$

$$\tau * MA_{PBD,g,t} + \sum_{i=1}^{I} AZ_{i,t} * ANW_{i,t} * PV_{i,g,t} \leq PBD_{g,t} + MA_{PBD,g,t} \qquad \text{fur alle t, g}$$

2)
$$-\tau * MA_{PA,g,t} + \sum_{g=1}^{G} \sum_{i=1}^{I} AZ_{i,t} * ANW_{i,t} * PV_{i,g,t} \geq PA_{g_s,t} - MA_{PA,g,t} \qquad \text{fur alle t}$$

$$\tau * MA_{PA,g,t} + \sum_{g=1}^{G} \sum_{i=1}^{I} AZ_{i,t} * ANW_{i,t} * PV_{i,g,t} \leq PA_{g_s,t} + MA_{PA,g,t} \qquad \text{für alle t}$$

3)
$$-\tau * MA_{EG,g,t} + \sum_{i=1}^{I} E_{i,g} * ANW_{i,t} * PV_{i,g,t} \geq EG_{g,t} - MA_{EG,g,t} \qquad \text{für alle g, t}$$

4)
$$\tau * MA_{PW,I,r} + \sum_{g=1}^{G} ANW_{i,t} * PV_{i,g,t} \leq PW_{I,r} + MA_{PW,I,r} \qquad \text{fur alle i, t}$$

5)
$$\sum_{i=1}^{I} E_{i,g} * PV_{i,g,t} > 0 \qquad \text{für alle g, t}$$

6)
$$\sum_{i=1}^{I} PV_{I,g,t} \leq 1 \qquad \text{für alle g, t}$$

mit: $\quad 0 \leq \tau \leq 1$

$$PV_{i,g,t} = \begin{cases} 1, & \text{wenn Mitarbeiter } AN_i \text{ im Planungszeitabschnitt } PZA_t \\ & \text{in der Personalgruppe } PG_g \text{ eingesetzt wird} \\ 0 & \text{sonst.} \end{cases}$$

Das Ziel des Lösungsmodell der Überbrückungsfunktion ist es, die Kompromißgüte $\tau$ zu maximieren, so daß der unscharfe Zielraum (Gleichung 1 bis 4) maximal erfüllt wird und zugleich die in den Gleichungen 5 und 6 dargestellten scharfen Nebenbedingungen (vgl. Kapitel 6.5.3) eingehalten werden. Ergebnis der Überbrückungsfunktion ist die Kompromißgüte $\tau$ und der Personalverteilungsplan PV, der den Einsatz Mitarbeiter $AN_i$ der Personalgruppe $PG_s$ für den Planungszeitraum $PZR_r$ beschreibt.

### 6.5.6 Zielraum der Optimierungsfunktion

Formal betrachtet besteht die Aufgabe der Optimierungsfunktion in der Zuordnung einer Anzahl von Arbeitnehmer I einer Personalgruppe $PG_g$ zu einer Anzahl zu besetzender Arbeitsplatzgruppen J für einen Produktionsbereich $PB_b$. Diese Zuordnungsoptimierung soll dabei planungszeitabschnittsweise für einen Planungszeitraum $PZR_r$ durchgeführt werden. Ergänzend zur Überbrückungs- und Ausgleichsfunktion, wo der bereichsübergreifende Abgleich von Personalangebot und -nachfrage auf Basis einer summarischen Betrachtungsweise durchgeführt wurde, ist es die Aufgabe der Optimierungsfunktion durch Variation der Arbeitszeit und des Einsatzortes des Personals den Personaleinsatz innerhalb einer Personalgruppe zu optimieren.

Analog zur Ausgleichs- und Überbrückungsfunktion soll das Zuordnungsproblem der Optimierungsfunktion mit Hilfe des unscharfen linearen Kompromißansatzes gelöst werden. Die Zielkriterien zur Optimierung des Personaleinsatzes setzen sich dabei aus den in Kapitel 3.2 definierten Zielsetzungen der Personalzuordnung zusammen. Aufbauend auf diesen Zielraum werden im folgenden die Zielfunktionen der Optimierungsfunktion entwickelt.

Aus der Zielstellung der Bedarfsdeckung des allgemeinen Zielraums der Personalzuordnung leitet sich für die Optimierungsfunktion eine unscharfe Zielfunktion ab, die die maximale Bedarfsdeckung aller Arbeitsplatzgruppen des Produktionsbereiches $PB_b$ innerhalb einer intervallmäßigen Unschärfe der Zielfunktionswerte Personalkapazitätsbedarf $PKB_{j,t}$ je Planungszeitabschnitt $PZA_t$ verfolgt. Diese Zielfunktion setzt sich aus einem Ungleichungspaar zusammen, in dem die intervallmäßige Unschärfe der Zielfunktionswerte durch $MA_{PKB,j,t}$ je Arbeitsplatzgruppe $APG_j$ und Planungszeitabschnitt $PZA_t$ abgebildet wird. Das Ungleichungspaar gewährleistet somit, daß der von den Arbeitsplatzgruppen in einem Planungszeitabschnitt $PZA_t$ benötigte Personalkapazitätsbedarf $PKB_{j,t}$ durch die Arbeiszeit $AZ_{i,t}$ der ihr zugeordneten Mitarbeiter $AN_i$ innerhalb des Akzeptanzbereichs gedeckt wird (vgl. Bild 6.5.6-1). Es gilt:

$$- \tau * MA_{PKB,j,t} + \sum_{i=1}^{I} AZ_{i,t} * ANW_{i,t} * PE_{i,j,t} \geq PKB_{j,t} - MA_{PKB,j,t}$$

$$\tau * MA_{PKB,j,t} + \sum_{i=1}^{I} AZ_{i,t} * ANW_{i,t} * PE_{i,j,t} \leq PKB_{j,t} + MA_{PKB,j,t}$$

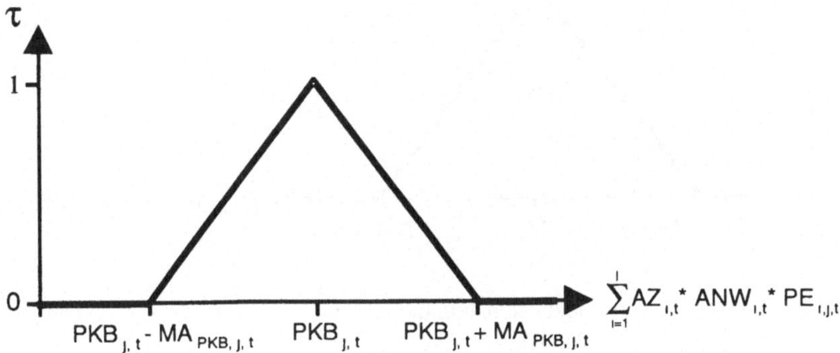


Bild 6.5.6-1: Die Zugehörigkeitsfunktion der Optimierungsfunktion zur Personalkapazitätsbedarfsdeckung

Zur Abbildung der Zielsetzung der Personalkapazitätsauslastung im Zuordnungsmodell der Optimierungsfunktion dient eine Zielfunktion, die sicherstellt, daß die
geplante Arbeitszeit der Arbeitnehmer der Personalgruppe $PG_g$ während des
Planungszeitraumes $PZR_r$ innerhalb des vereinbarten Arbeitszeitrahmens der
Arbeitnehmer liegt. Diese Zielfunktion setzt sich aus einem Ungleichungspaar
zusammen, in dem die intervallmäßige Unschärfe in dem Zielfunktionswert Per-
sonalarbeitszeit $PZ_{i,r}$ eines Planungszeitraumes $PZR_r$ liegt. Es gilt:

$$- \tau * MA_{PZ,i,r} + \sum_{t=1}^{T} \sum_{j=1}^{J} AZ_{i,t} * ANW_{i,t} * PE_{i,j,t} \geq PZ_{i,r} - MA_{PZ,i,r}$$

$$\tau * MA_{PZ,i,r} + \sum_{t=1}^{T} \sum_{j=1}^{J} AZ_{i,t} * ANW_{i,t} * PE_{i,j,t} \leq PZ_{i,r} + MA_{PZ,i,r}$$

Der zulässige Abweichungswert $MA_{PZ,i,r}$ kann beispielsweise im Rahmen einer
Betriebsvereinbarung pauschal festgelegt werden oder individuell mit dem Arbeit-

nehmer innerhalb des Arbeitszeitmodells vereinbart werden. Die Zugehörigkeitsfunktion des Unschärfebereichs dieser Zielfunktion ist in Bild 6.5.6-2 dargestellt.

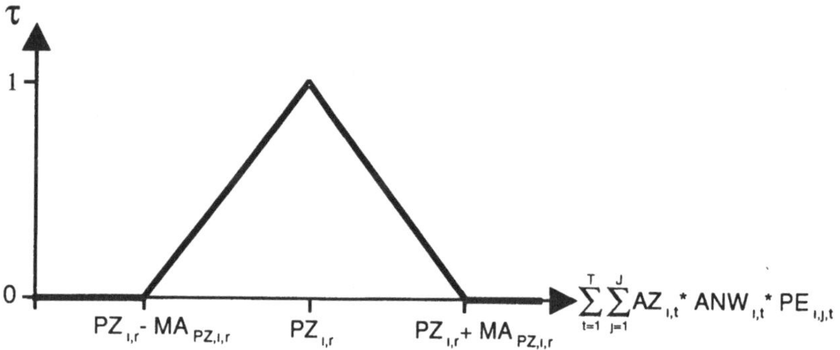



Bild 6.5.6-2:  Die Zugehörigkeitsfunktion der Optimierungsfunktion zur Personalkapazitätsauslastung

Aus der Zielstellung der Eignungsdeckung des allgemeinen Zielraums leitet sich
für das Zuordnungsproblem der Optimierungsfunktion eine Zielfunktion ab, die
eine eignungsgerechte Zuordnung der Mitarbeiter $AN_i$ zu den Arbeitsplatzgruppen $APG_j$ gewährleistet. Die Eignung eines Mitarbeiters $AN_i$ für eine Arbeitsplatzgruppe $PG_g$ wird entsprechend dem in Kapitel 6.4.1 entwickelten Modell der
Eignungsbeschreibung durch den Eignungskoeffizienten $E_{i,j}$ beschrieben. Die
Aufgabe der Zielfunktion Eignungsdeckung ist es dabei die Mitarbeiter $AN_i$ so auf
die Arbeitsplatzgruppen $APG_j$ zu verteilen, daß der Zielfunktionswert $ES_t$ erreicht,
mindestens aber der Zielfunktionswert $ES_t - MA_{ES,t}$ nicht unterschritten wird. Es
gilt:

$$-- \tau * MA_{ES,t} + \sum_{i=1}^{I} \sum_{j=1}^{J} E_{i,j} * ANW_{i,t} * PE_{i,j,t} \geq ES_t - MA_{ES,t}$$

Damit gewährleistet die Zielfunktion, daß durch die Festlegung des Personaleinsatzes im Rahmen der Optimierungsfunktion nicht ein Suboptimum zugunsten
einer Arbeitsplatzgruppe $APG_j$ sondern in Summe über alle Arbeitsplatzgruppen
eines Produktionsbereichs $PB_b$ eine maximale Eignungsdeckung erzielt wird. Die

Zugehörigkeitsfunktion des Unschärfebereichs dieser Zielfunktion ist in Bild 6.5.6-3 dargestellt.

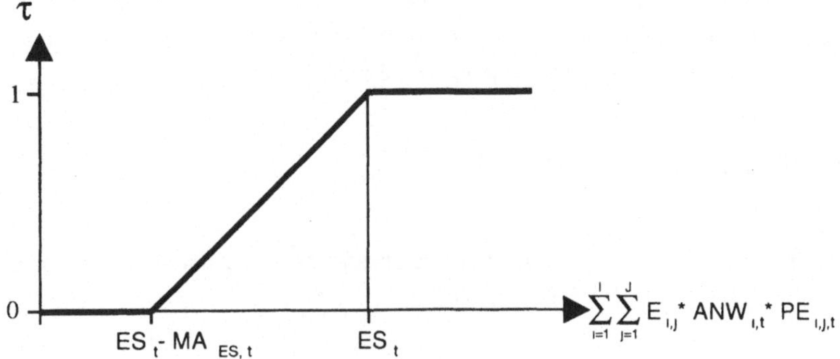


Bild6.5.6-3:  Die Zugehörigkeitsfunktion der Optimierungsfunktion zur Eignungsdeckung

Die Zielfunktion zur Maximierung des Stammarbeitsplatzgruppeneinsatzes[109] stellt sicher, daß ein Mitarbeiter $AN_i$ so oft wie möglich auf seine Stammarbeitsplatzgruppe $SA_{i,j}$ und nur so wenig wie nötig auf einer alternativen Arbeitsplatzgruppe $APG_j$ eingesetzt wird[110]. Die Unschärfe der Zielfunktion wird in der Beschränkungsgröße $SA_t$ abgebildet, die die Gesamtzahl an möglichen Zuordnungen zu Stammarbeitsplatzgruppen je Planungszeitabschniit $PZA_t$ angibt.

---

[109] Diese Zielfunktion steht stellvertretend für eine Vielzahl von Zielfunktionen, die sich hinsichtlich der Einsatzstrategie des Mitarbeiters $AN_i$ definieren lassen. Beispielsweise wäre auch eine Zielfunktion denkbar, die auf Basis des Job-rotation-Modells arbeitet. Prinzipiell sollte die Zielfunktion in Abhängigkeit von den spezifischen Gegebenheiten des Anwendungsbereich festgelegt werden.

[110] Beim Umsetzen eines Mitarbeiters $AN_i$ auf eine alternative Arbeitsplatzgruppe $APG_j$ ändert sich in der Regel der Arbeitsinhalt und es entsteht somit eine Einlernsituation für die betroffene Person Daraus resultiert zum einen eine Minderleistung, deren Dauer abhängig von dem Grad der Verschiedenheit der Arbeitsinhalte ist. Zum anderen kann für den Mitarbeiter bei zu häufigen Arbeitsplatzwechsel eine Streßsituation entstehen, die sich in der Regel negativ auf die Motivation und die Arbeitsleistung auswirkt In der Serienproduktion werden häufig gleichartige Erzeugnisse produziert, die sich z B nur durch das Design unterscheiden. Eine umfangreiche Einlernsituation ist daher nicht mit jedem Arbeitsplatzwechsel verbunden, so daß die erschließbaren Flexibilitätspotentiale in der Serienproduktion relativ hoch sind /83, 115/.

$MZA_{SA,t}$ gibt die zulässige Abweichung von der maximal möglichen Stammarbeitsplatzgruppenzuordnung an, für die die Personalzuordnung noch als optimal angesehen werden kann. Die Aufgabe der sich daraus resultierenden Zielfunktion ist es, die Mitarbeiter $AN_i$ so auf die Arbeitsplatzgruppen $APG_j$ zu verteilen, daß möglichst der Zielfunktionswert $SA_t$ erreicht, mindestens aber der Zielfunktionswert $SA_t$ - $MA_{SA,t}$ nicht unterschritten wird. Es gilt:

$$-\tau * MA_{SA,t} + \sum_{i=1}^{I} \sum_{j=1}^{J} SA_{i,j} * ANW_{i,t} * PE_{i,j,t} \geq SA_t - MA_{SA,t}$$

Die daraus resultierende Zugehörigkeitsfunktion des Unschärfebereichs dieser Zielfunktion ist in Bild 6.5.6-4 dargestellt.

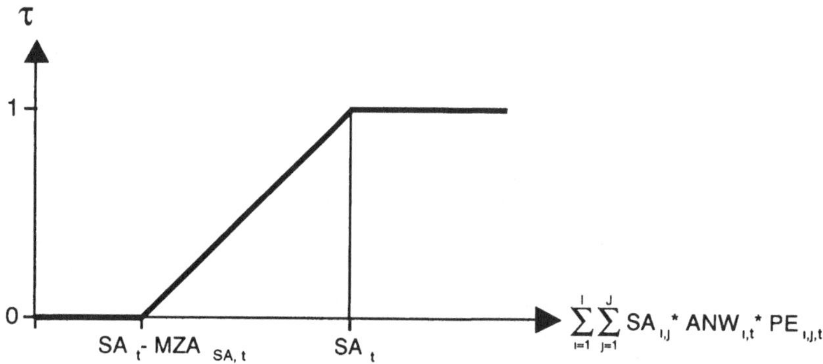


Bild 6.5.6-4: Die Zugehörigkeitsfunktion der Optimierungsfunktion zur Maximierung des Stammarbeitsplatzgruppeneinsatzes


## 6.5.7 Unscharfes Lösungsmodell der Optimierungsfunktion

Der unscharfe lineare Kompromißansatz mit vollständiger Berücksichtigung des unscharfen Zielraums als Optimierungskriterien, sowie den Nebenbedingungen entsprechend den Planungsprämissen des Planungsmodells haben für die Optimierungsfunktion folgende Form:

Max $\tau$ unter der Bedingung

1) $\quad -\tau * MA_{PKB,j,t} + \sum_{i=1}^{I} AZ_{i,t} * ANW_{i,t} * PE_{i,j,t} \geq PKB_{j,t} - MA_{PKB,j,t}$ $\qquad$ für alle j, t

$\qquad \tau * MA_{PKB,j,t} + \sum_{i=1}^{I} AZ_{i,t} * ANW_{i,t} * PE_{i,j,t} \leq PKB_{j,t} + MA_{PKB,j,t}$ $\qquad$ fur alle j, t

2) $\quad -\tau * MA_{PZ,i,r} + \sum_{t=1}^{T}\sum_{j=1}^{J} AZ_{i,t} * ANW_{i,t} * PE_{i,j,t} \geq PZ_{i,r} - MA_{PZ,i,r}$ $\qquad$ für alle i

$\qquad \tau * MA_{PZ,i,r} + \sum_{t=1}^{T}\sum_{j=1}^{J} AZ_{i,t} * ANW_{i,t} * PE_{i,j,t} \leq PZ_{i,r} + MA_{PZ,i,r}$ $\qquad$ für alle i

3) $\quad -\tau * MA_{ES,t} + \sum_{i=1}^{I}\sum_{j=1}^{J} E_{i,j} * ANW_{i,t} * PE_{i,j,t} \geq ES_t - MA_{ES,t}$ $\qquad$ fur alle t

4) $\quad -\tau * MA_{SA,t} + \sum_{i=1}^{I}\sum_{j=1}^{J} SA_{i,j} * ANW_{i,t} * PE_{i,j,t} \geq SA_t - MA_{SA,t}$ $\qquad$ für alle t

5) $\qquad\qquad \sum_{j=1}^{J} E_{i,j} * PE_{i,j,t} > 0$ $\qquad$ fur alle i, t

6) $\qquad\qquad \sum_{i=1}^{I} ANW_{i,t} * PE_{i,j,t} \geq AAPL_j$ $\qquad$ für alle j, t ($PKB_{j,t} \neq 0$)

7) $\qquad\qquad \sum_{j=1}^{J} PE_{i,j,t} \leq 1$ $\qquad$ für alle i, t ($ANW_{i,t} \neq 0$)

mit: $\quad 0 \leq \tau \leq 1$

$$PE_{i,j,t} = \begin{cases} 1, & \text{wenn Mitarbeiter } AN_i \text{ im Planungszeitabschnitt } PZA_t \\ & \text{in der Arbeitsplatzgruppe } APG_j \text{ eingesetzt wird} \\ 0 & \text{sonst.} \end{cases}$$

Wie oben dargestellt, setzt sich das Lösungsmodell aus dem in Kapitel 6.5.6 entwickelten unscharfen Zielraum (Gleichung 1 bis 4) und den in Gleichung 5 bis 7 dargestellten scharfen Nebenbedingungen zusammen. Die in Gleichung 5 formulierte Nebenbedingung stellt sicher, daß ein Mitarbeiter $AN_i$ nur dann einer Arbeitsplatzgruppe $APG_j$ zugeordnet wird, wenn sein Eigungskoeffizient $E_{i,j} > 0$ ist, d.h. er für die Arbeitsplatzgruppe geeignet ist. Die Nebenbedingung aus Gleichung 6 gewährleistet, daß die Mindestbesetzung einer Arbeitsplatzgruppe $APG_j$ nicht unterschritten wird. Die Gleichung 7 stellt sicher, daß ein Mitarbeiter $AN_i$

immer nur einmal pro Planungszeitabschnitt $PZA_t$ einer Arbeitsplatzgruppe $APG_j$ zugeordnet wird.

Ergebnis der Optimierungsfunktion ist die Kompromißgüte $\tau$ als Maß für die Güte der Personalzuordnung sowie der Personaleinsatzplan PE als eigentliches Planungsergebnis der Optimierungsfunktion. Der Personaleinsatzplan PE beschreibt den planmäßigen Einsatz der Mitarbeiter $AN_i$ auf den Arbeitsplatzgruppen $APG_j$ für jeden Planungszeitabschnitt $PZA_t$ des Planungszeitraums $PZR_r$.


### 6.5.8    Lösungsverfahren

Die entwickelten Lösungsmodelle auf der Basis des linear unscharfen Kompromißansatzes stellen eine Erweiterung des scharfen linearen Programmierungsansatzes dar. Im Gegensatz zu den bekannten Modellen der linearen Programmierung ermöglicht der hier vorgestellte Kompromißansatz eine intervallmäßige Unschärfe in den Zielfunktionswerten abzubilden. Wie die entwickelten Lösungsmodelle mit Hilfe von Standardprogrammpaketen der linearen Programmierung gelöst werden können, wird im Anhang am Beispiel der Optimierungsfunktion dargestellt.

# 7. Verfahrensablauf zur Personalkapazitätsanpassung

Nachdem in den vorangegangenen Kapiteln aufbauend auf den Anforderungen an das Planungsverfahren zur mittelfristigen Personalkapazitätsanpassung die notwendigen Verfahrensbausteine in Form eines Planungsmodells entwickelt wurden, werden im folgenden Kapitel diese Verfahrensbausteine in einen Gesamtablauf integriert.

Gemäß dem aufgestellten Planungsmodell setzt sich das Produktionssystem der Serienproduktion mit Fließinselprinzip aus einzelnen Produktionsbereichen $PB_b$ zusammen, die ihrerseits wieder aus Arbeitsplatzgruppen $APG_j$ bestehen. Die Aufgabe des Planungsverfahrens liegt in der Anpassung der Personalkapazität auf der Grundlage der aktuellen Bedarfs- und Kapazitätssituation. Die Kapazitätsanpassung innerhalb des Produktionssystems durch Personalversetzungen zwischen den Produktionsbereichen $PB_b$ bzw. den zugeordneten Personalgruppen $PG_g$ ist die Aufgabe der bereichsübergreifenden Personalkapazitätsanpassung. Die Aufgabe der bereichsbezogenen Personalkapazitätsanpassung ist es dagegen, den Personaleinsatz innerhalb eines Produktionsbereichs $PB_b$ für die einzelnen Arbeitsplatzgruppen bedarfsgerecht zu planen.

## 7.1 Bereichsübergreifende Personalkapazitätsanpassung

Ziel der bereichsübergreifenden Personalkapazitätsanpassung ist es, aufbauend auf den Planungsergebnisssen der Mengen- und Terminplanung der Produktionsplanung und -steuerung die notwendigen Personalkapazitäten für die einzelnen Produktionsbereiche $PB_b$ bereitzustellen, so daß eine bedarfsgerechte Produktion gewährleistet werden kann. Der Gesamtablauf der bereichsübergreifenden Personalkapazitätsanpassung ist in Bild 7.1-1 dargestellt.

Danach ermittelt die bereichsübergreifende Personalkapazitätsanpassung zunächst für jeden Produktionsbereich $PB_b$ den Personalbedarf sowie für jede zugeordnete Personalgruppe $PG_g$ das Personalangebot. Anschließend werden personelle Über- und Unterdeckungen in der Personalausstattung analysiert und hinsichtlich der Änderungsnotwendigkeit bewertet. Besteht Änderungsnotwendigkeit, so werden im nachfolgenden Verfahrensschritt interaktiv Maßnahmen zur Anpassung der Personalausstattung in Form von Personalversetzungen zwischen Personalgruppen abgeleitet und ausgeführt. Die daraus resultierende Personalausstattung wird abschließend für die bereichsbezogene Personalkapazitätsanpassung im Personalverteilungsplan $PV_{g,t}$ protokolliert.

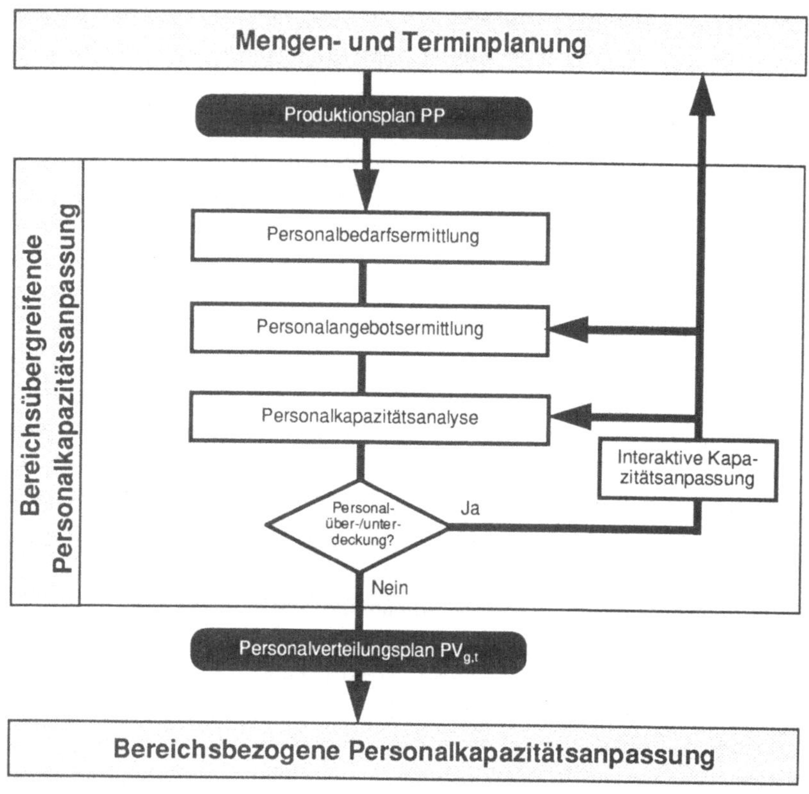



Bild 7.1-1:   Verfahrensablauf zur bereichsübergreifenden Personalkapazitäts-
            anpassung

Können Personalüberhänge bzw. -unterdeckungen nicht durch die Aktionsparameter der interaktiven Kapazitätsanpassung aufgelöst werden, muß im Verbund mit der Produktionsplanung und -steuerung ein Kapazitätsabgleich durch eine Bedarfsverlagerung durchgeführt werden. Hinsichtlich des logistikorientierten Unternehmenszielsystems Bedarfsdeckung bei minimalen Beständen wird dadurch jedoch nur ein Suboptimum erreicht.


### 7.1.1    Personalbedarfsermittlung

Der erste Verfahrensschritt der bereichsübergreifenden Personalkapazitätsanpassung ist die Personalbedarfsermittlung. Die Personalbedarfsermittlung soll wie in Kapitel 3.1 dargestellt, aufbauend auf den Ergebnissen der Mengen- und Terminplanung der übergeordneten Produktionsplanung und -steuerung erfolgen[111] . Die Schnittstelle zu der Mengen- und Terminplanung stellt der Produktionsplan dar, in dem alle zu produzierenden Positionen $P_n$ mit Menge und Termin aufgeführt sind. Die Aufgabe der Personalbedarfsermittlung ist es, die zur Erfüllung des Produktionsplans erforderlichen Arbeitskräfte für jeden Produktionsbereich $PB_b$ im Planungszeitraum $PZR_r$ zu ermitteln. Der Gesamtablauf der Personalbedarfsermittlung ist in Bild 7.1.1-1 dargestellt.

Gemäß dem in Kapitel 6 entwickelten Planungsmodell liegen die Mengen und Termine der zu produzierenden Positionen $P_n$ im Produktionsplan je Planungszeitabschnitt $PZA_t$ für jede Arbeitsplatzgruppe $APG_j$ vor. Daher wird zunächst wie in Bild 7.1.1-1 dargestellt, der Kapazitätsbedarf $KB_{j,t}$ je Arbeitsplatzgruppe und Planungszeitabschnitt ($PZA_t \in PZR_r$) für alle Arbeitsplatzgruppen $APG_j$ ermittelt. Darauf aufbauend kann dann der resultierende arbeitsplatzgruppenbezogene Personalbedarf $PKB_{j,t}$ eines Produktionsbereichs $PB_b$ berechnet werden. Den Personalbedarf $PKB_{b,t}$ eines Produktionsbereichs $PB_b$ je Planungszeitabschnitt erhält man schließlich durch die Summation der arbeitsplatzgruppenbezogenen Personalbedarfe $PBZ_{j,t}$ je Planungszeitabschnitt $PZA_t$. Die Ergebnisse der Personalbedarfsermittlung werden in einem produktionsbereichsbezogenen (Abbildung PBP) und einem arbeitsplatzgruppenbezogenen (Abbildung PBA) Personalbedarfsplan protokolliert.

---

[111] Die in der vorliegenden Arbeit betrachteten betrieblichen Aufgaben beziehen sich auf alle direkten Tätigkeiten des Leistungserstellungsprozesses Zur Ermittlung der Art und des Umfangs der Tätigkeiten dient der Produktionsplan, in dem die Mengen und Termine der zu produzierenden Positionen $P_n$ als Ergebnis der Produktionsplanung und -steuerung festgelegt sind

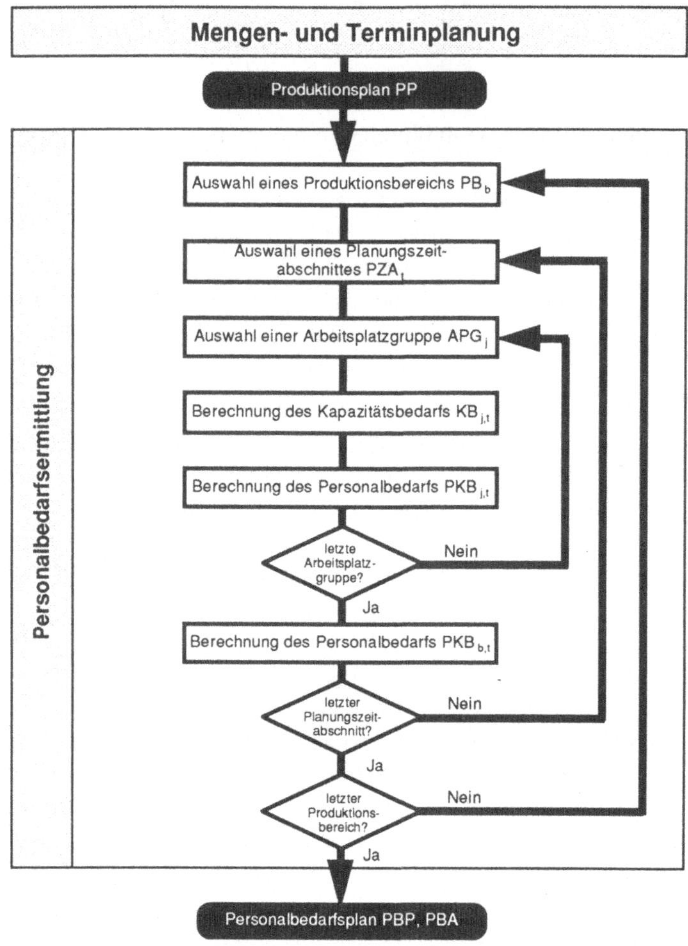


Bild 7.1.1-1: Verfahrensablauf zur Personalbedarfsermittlung

## 7.1.2 Personalangebotsermittlung

Die Aufgabe der bereichsübergreifenden Personalangebotsermittlung ist es, das verfügbare Personalangebot je Planungszeitabschnitt $PZA_t$ für den Planungszeitraum $PZR_r$ für jede Personalgruppe $PG_g$ zu ermitteln. Da das qualitative Personalangebot gemäß dem in Kapitel 6.4 entwickelten Planungsmodell der Personalangebotsermittlung durch die zeitinvarianten Eignungskoeffizienten $E_{i,j}$ und $E_{i,g}$ beschrieben wird, besteht die Aufgabe der Personalangebotsermittlung in der Ermittlung der quantitativen, örtlichen und zeitlichen Verfügbarkeit des Personalangebots je Planungszeitabschnitt $PZA_t$ für den Planungszeitraum $PZR_r$. Der Verfahrensablauf zur Personalbedarfsermittlung ist in Bild 7.1.2-1 dargestellt.

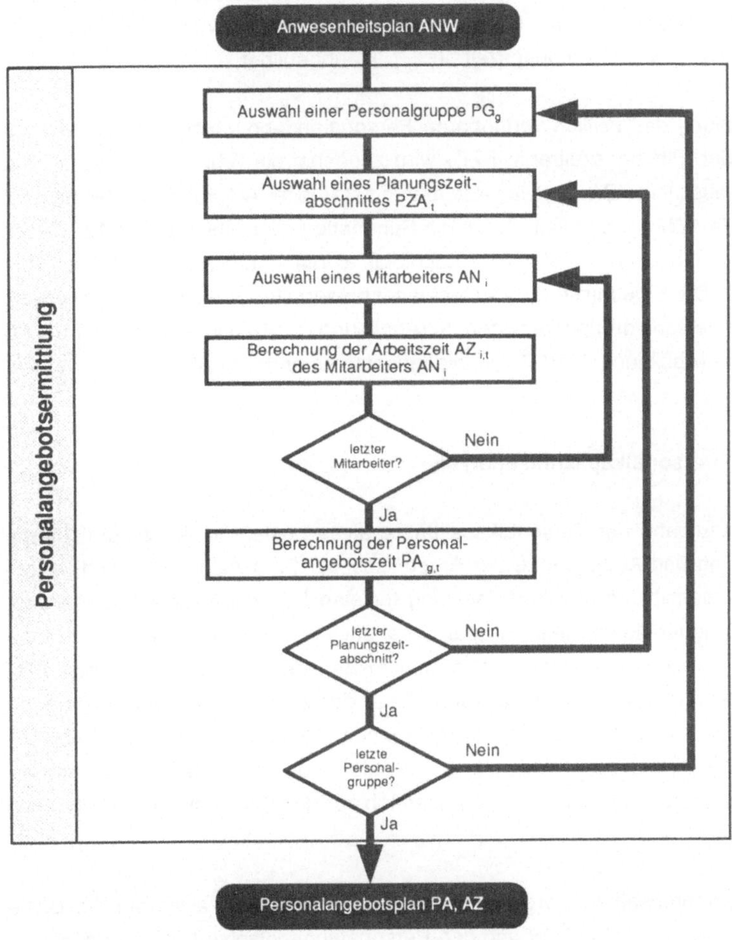


Bild 7.1.2-1: Verfahrensablauf zur Personalangebotsermittlung

Da jedem Produktionsbereich $PB_b$ eine Personalgruppe $PG_g$ zugeordnet ist, wird die örtliche Verfügbarkeit des Personals durch die Verfügbarkeit der Mitarbeiter $AN_i$ je Personalgruppe $PG_g$ beschrieben. Wie in Bild 7.1.2-1 dargestellt, erfolgt die Personalangebotsermittlung daher personalgruppenbezogen. Die Grundlage für die Ermittlung der quantitativen Verfügbarkeit der Mitarbeiter $AN_i$ stellt der Anwesenheitsplan ANW dar. In ihm sind als Ergebnis einer vorgeschalteten Urlaubs-, Fort- und Weiterbildungsplanung sowie einer Erfassung der krankheitsbedingten Ausfälle die planmäßig verfügbaren Mitarbeiter $AN_i$ je Planungszeitabschnitt $PZA_t$ für den Planungszeitraum $PZR_r$ abgebildet.

Zur Ermittlung des zeitlich verfügbaren Personalangebots einer Personalgruppe $PG_g$ für den Planungszeitraum $PZR_r$ wird zunächst die Arbeitszeit $AZ_{i,t}$ im Planungszeitabschnitt $PZA_t$ für alle verfügbaren Mitarbeiter $AN_i$ auf Basis der Arbeitszeitmodelle $AZM_{m,z}$ ermittelt. Durch die Summation aller Arbeitszeiten $AZ_{i,t}$ eines Planungszeitabschnittes $PZA_t$ wird nachfolgend die Personalangebotszeit $PA_{g,t}$ berechnet. Die Ergebnisse der Personalangebotsermittlung werden abschließend in einem personalgruppenbezogenen (Abbildung PAP) und einem mitarbeiterbezogenen (Abbildung AZP) Personalangebotsplan protokolliert.


### 7.1.3      Personalkapazitätsanalyse

Die Hauptaufgabe der Personalkapazitätsanalyse besteht in der zielgerichteten Verarbeitung und Aufbereitung der Ergebnisse der Personalbedarfs- und Personalangebotsermittlung als Voraussetzung für eine bedarfsgerechte Informationsbereitstellung für die interaktive Kapazitätsanpassung. Hierzu wird ein Kapazitätsvergleich zwischen den Personalbedarfen $PKB_{b,t}$ der Produktionsbereiche $PB_b$ und dem verfügbaren Personalangebot $PA_{g,t}$ der zugehörigen Personalgruppen $PG_g$ für alle Planungszeitabschnitte $PZA_t$ eines Planungszeitraums $PZR_r$ durchgeführt. Der Kapazitätsvergleich soll Aufschluß über eventuelle Personalüber- bzw. -unterdeckungen geben. Den Gesamtablauf der Personalkapazitätsanalyse zeigt Bild 7.1.3-1.

Wie im Verfahrensablauf dargestellt, erfolgt die Kapazitätsanalyse auf der Basis des Personalbedarfsplan PBP und den Personalangebotsplan PA. Im ersten Verfahrensschritt wird zunächst für jeden Produktionsbereich $PB_b$ je Planungszeitabschnitt $PZA_t$ die Personalbedarfsdifferenz $PBD_{g,t}$ berechnet. Sie ergibt sich aus der Differenz von Personalbedarf $PKB_{b,t}$ und Personalangebot $PA_{g,t}$. Es gilt:

$$PBD_{g,t} = PBZ_{b,t} - PA_{g,t}$$
$$\text{mit } BG(PG_g) = PB_b$$

Eine Personalüberdeckung liegt vor, wenn $PBZ_{b,t} - PA_{g,t} < 0$ ist. Für den Fall $PBZ_{b,t} - PA_{g,t} > 0$ besteht dagegen eine Personalunterdeckung.

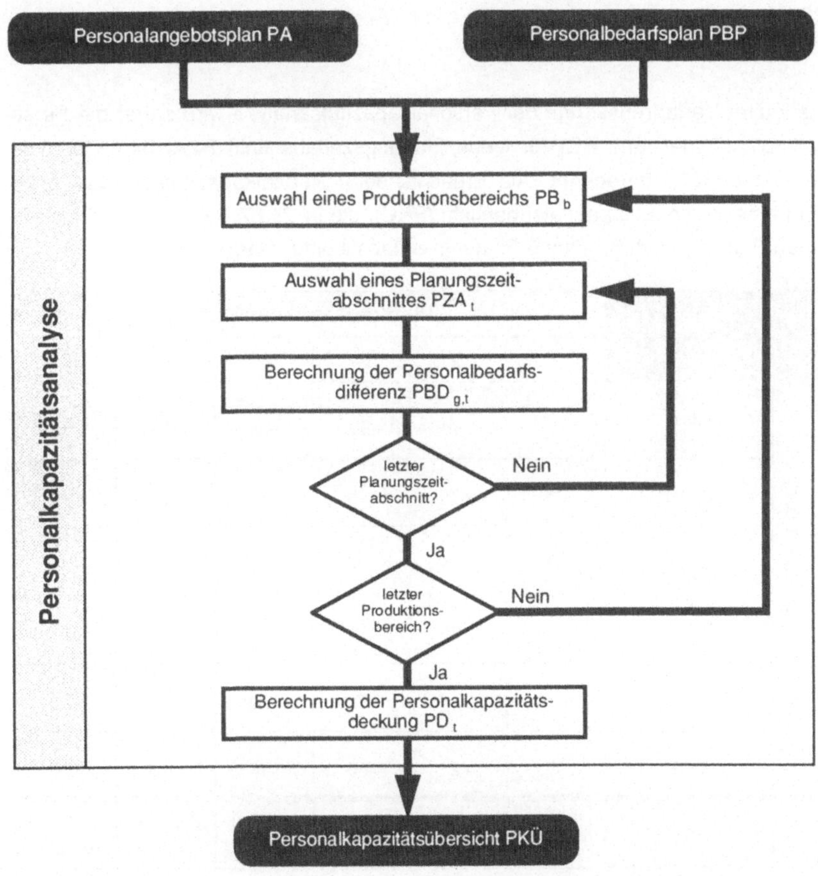


Bild 7.1.3-1: Verfahrensablauf zur Personalkapazitätsanalyse

Personalüberdeckungen bzw. -unterdeckungen können gemäß dem Planungsmodell durch Personalversetzungen auf Basis des komplementären Personalgruppenmodells (vgl. Kapitel 3.2) sowie durch den Einsatz von Springern aus der Springergruppe $PG_s$ gelöst werden. Als Voraussetzung für eine erfolgreiche Personalkapazitätsanpassung muß sichergestellt sein, daß der Gesamtpersonalbedarf für alle Produktionsbereiche $PB_b$ durch das Gesamtpersonalangebot aller Personalgruppen $PG_g$ gedeckt werden kann. Es muß gelten:

$$PD_t = \sum_{g=1}^{G} PBD_{g,t} \leq 0 \qquad \text{für alle } PZA_t \in PZR_r$$

Als letzter Verfahrensschritt der Personalkapazitätsanalyse wird daher die Personalkapazitätsdeckung $PD_t$ für jeden Planungszeitabschnitt $PZA_t$ des Planungszeitraums $PZR_r$ berechnet. Als Ergebnis der Personalkapazitätsanalyse erhält man eine Personalkapazitätsübersicht (PKÜ), die in Bild 7.1.3-2 exemplarisch für einen Planungszeitraum mit 6 Planungszeitabschnitten dargestellt ist.

| [h] | | Planungszeitabschnitt | | | | | |
|---|---|---|---|---|---|---|---|
| | | 1 | 2 | 3 | 4 | 5 | 6 |
| | $PBD_s$ | -100 | -80 | -90 | -85 | -70 | -95 |
| | $PBD_1$ | +20 | +30 | +25 | 0 | 0 | +20 |
| Personalbedarfsdeckung | $PBD_2$ | -40 | -35 | +20 | -5 | +15 | -30 |
| | $PBD_3$ | +40 | +30 | -30 | +10 | -20 | +30 |
| | $PBD_4$ | +30 | +20 | +30 | +20 | +30 | +20 |
| | $PBD_5$ | +40 | +25 | +30 | +27 | +40 | +40 |
| | PD | -10 | -10 | -5 | -33 | -5 | -15 |

Bild 7.1.3-2: Beispiel für eine Personalkapazitätsübersicht

### 7.1.4    Interaktive Kapazitätsanpassung

Wurden in der Personalkapazitätsanalyse planungsrelevante Personalüberhänge bzw. -unterdeckungen detektiert, dann müssen im nächsten Verfahrensschritt Aktionsparameter zur Kapazitätsanpassung ausgewählt werden. Die Auswahl der Aktionsparameter soll dabei nicht über fest vordefinierte Automatismen erfolgen[112], sondern unter Einbeziehung des Erfahrungswissens des Personaldisponenten interaktiv durchgeführt werden. Die nutzbaren Aktionsparameter zur bereichsübergreifenden, interaktiven Kapazitätsanpassung stellen die Ausgleichs- und die Überbrückungsfunktion (vgl. Kapitel 6.5.2) dar. Durch die Auswahl eines der beiden Aktionsparameter wird vom Personaldisponenten die spezifische Wirkrichtung zur Kapazitätsanpassung festgelegt.

Ziel der Ausgleichsfunktion ist es, eine Personalkapazitätsanpassung durch Personalversetzungen zwischen zwei Personalgruppen $PG_{g1}$ und $PG_{g1}$ auf Basis des Komplementärgruppenmodells durchzuführen. Dazu werden zunächst vom Personaldisponenten mit Hilfe der Personalkapazitätsübersicht KPÜ zwei komplementäre Personalgruppen $PG_{g1}$ und $PG_{g1}$ (d.h $PG_{g1} = KG(PG_{g2})$ und/oder $PG_{g2} = KG(PG_{g1})$) ausgewählt, für die im betrachteten Planungszeitraum $PZR_r$ Personalüber- bzw. -unterdeckungen vorliegen. Durch die Anwendung der Ausgleichsfunktion kann nun vom Personaldisponenten überprüft werden, inwieweit unter Berücksichtigung der Eignungskoeffizienten $E_{i,g}$ sowie der Arbeitszeiten $AZ_{i,t}$ der Mitarbeiter $AN_i$ die Personalüber- und -unterdeckungen der Personalgruppen $PG_{g1}$ und $PG_{g1}$ gelöst werden können.

Ziel der Überbrückungsfunktion ist es hingegen, die Reservekapazität der Springergruppe $PG_S$ so einzuplanen, daß die Personalunterdeckungen aller Personalgruppen $PG_g$ optimal je Planungszeitabschnitt $PZA_t$ beseitigt werden können. Dazu werden vom Personaldisponenten die Personalgruppen ausgewählt für den der Springereinsatz geplant werden soll. Anschließend liefert die Überbrückungsfunktion als Planungsergebnis, inwieweit unter Berücksichtigung der Eignungskoeffizienten $E_{i,g}$ sowie der Arbeitszeiten $AZ_{i,t}$ der Mitarbeiter $AN_i$ der Springer-

---

112 Vordefinierte feste Automatismen verhindern in der Regel die geforderte, auf die spezifische Planungssituation abgestimmte Vorgehensweise und können damit keine optimale Nutzung des vorgegebenen Aktionsraums sicherstellen.

gruppe $PG_s$ Personalunterdeckungen in den ausgewählten Personalgruppen innerhalb eines Planungszeitraums $PZR_r$ kompensiert werden können.

Ausgehend von den Zielstellungen der Überbrückungs- und Ausgleichsfunktion ergibt sich der in Bild 7.1.4-1 dargestellte prinzipielle Verfahrensablauf zur interaktiven Kapazitätsanpassung. Danach wird im ersten Schritt versucht über die Ausgleichsfunktion Personalunterdeckungen (PU) durch vorhandene Personalüberdeckungen (PÜ) auszugleichen. Erst im zweiten Schritt erfolgt die Anwendung der Überbrückungsfunktion. Als Planungsergebnis erhält man einen Personalverteilungsplan PV, der die Lösbarkeit der bereichsbezogenen Personalkapazitätsanpassung mit dem Ziel eines bereichsübergreifenden Gesamtoptimums sicherstellt[113].

Die Ausgleichs- und die Überbrückungsfunktion basieren wie bereits in Kapitel 6 dargestellt, auf dem linear unscharfen Kompromißansatz, der aufgrund der beschriebenen spezifischen Planungsproblematik der mittelfristigen Personalkapazitätsanpassung als interaktives Planungsinstrument genutzt werden soll. Als Voraussetzung für den interaktiven Einsatz des Planungsinstruments ist eine Benutzerschnittstelle[114] zu entwickeln, die dem Personaldisponenten die Möglichkeit eröffnet:

❑ im Vorfeld Planungsparameter gezielt zu justieren,
❑ Planungsergebnisse zu analysieren und zu bewerten sowie
❑ Maßnahmen zur Generierung alternativer Lösungsvorschläge einzuleiten.

---

[113] Die bereichsbezogene Personalkapazitätsanpassung kann nur dann einen optimalen Personaleinsatzplan erstellen, wenn für jeden Produktionsbereich $PB_b$ ein bedarfsgerechter Personalpool mit ausreichend vielen, geeigneten Arbeitskräften zur Verfügung steht.

[114] Eine Benutzerschnittstelle besteht aus den Benutzerfunktionen und einer Benutzeroberfläche. Die Oberfläche übernimmt die Kommunikation mit dem Benutzer. Die Anfragen und Eingaben eines Benutzers werden an entsprechende Benutzerfunktionen weitergeleitet und dort be- und verarbeitet. Die daraus resultierenden Planungsergebnisse werden anschließend über die Benutzeroberfläche visualisiert /8/. Für die Anwendung des Planungsverfahrens in der betrieblichen Praxis muß unter Berücksichtigung von ergonomischen Gesichtspunkten hierzu eine Benutzerschnittstelle in Form einer interaktiv gestalteten, grafikunterstützten, entscheidungsorientierten Oberfläche entwickelt werden, die eine klare inhaltliche Benutzerführung vorsieht. Die vorliegende Arbeit beschränkt sich auf die funktionale Beschreibung dieser Benutzerschnittstelle.

In der vorliegenden Arbeit soll diese Benutzerschnittstelle im wesentlichen hinsichtlich der Benutzerfunktionen beschrieben werden. Diese sollen jedoch nicht separat für alle drei Planungsfunktionen der Personalzuordnung, sondern im nachfolgenden Kapitel im Rahmen der bereichsbezogenen Personalkapazitätsanpassung representativ am Beispiel der Optimierungsfunktion dargestellt werden.

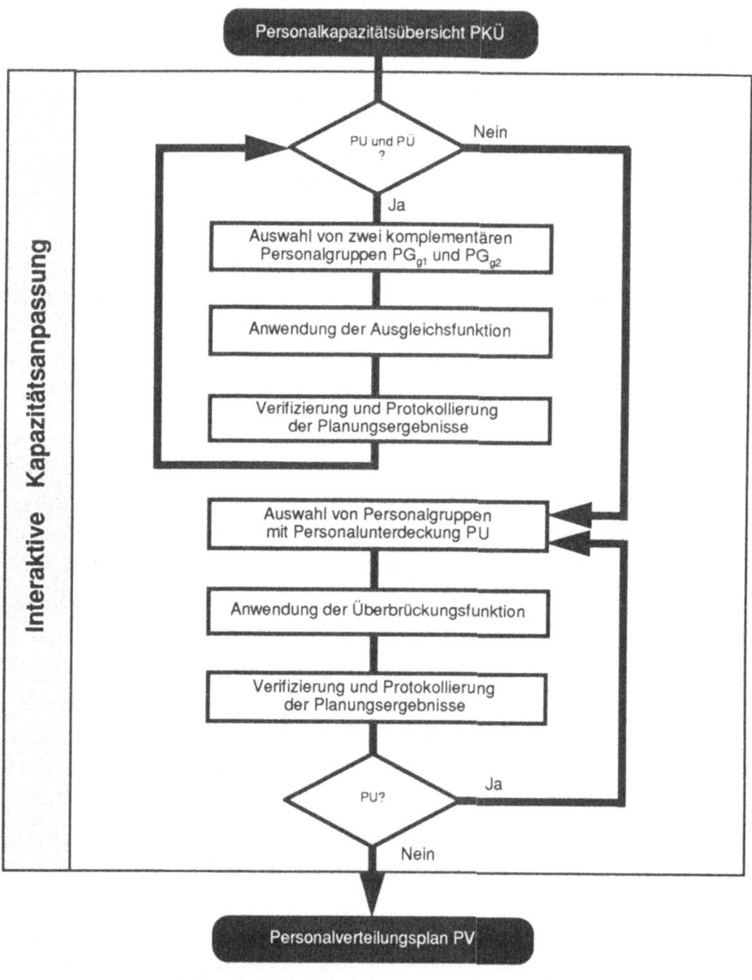


Bild 7.1.4-1: Verfahrensablauf zur bereichsübergreifenden, interaktiven Kapazitätsanpassung

Das in Kapitel 6.2 entwickelte Modell des Produktionssystems besitzt aufgrund einer prospektiven Gestaltung der Arbeitsorganisation hinsichtlich Arbeitszeit- und Personaleinsatzmodelle eine hohe Anpassungsflexibilität als Voraussetzung für eine bedarfsorientierte Produktion. Zur Nutzung dieser Flexibilität stellt die bereichsbezogene Personalkapazitätsanpassung die erforderliche Funktionsunterstützung zur Verfügung, um Personaleinsatzentscheidungen zur Optimierung des Produktionsablaufs innerhalb eines Produktionsbereichs $PB_b$ treffen zu können.

Das Kernstück der bereichsbezogenen Personalkapazitätsanpassung bildet die in Kapitel 6.5.3 auf Basis des unscharfen linearen Kompromißansatzes entwickelte Optimierungsfunktion. Durch den Einsatz dieses Funktionsbausteins sowie durch die offene Gestaltung des Verfahrens als ein interaktives Planungsinstrument, das die Möglichkeit eröffnet, das Know-how und die Erfahrung des Personaldisponenten vor Ort in den Planungsprozeß einfließen lassen zu können, kann das Verfahren den hohen Anforderungen der vorliegenden Planungsaufgabe gerecht werden.

Der Gesamtverfahrensablauf der bereichsbezogenen Personalkapazitätsanpassung ist in Bild 7.2-1 dargestellt. Danach setzt die Planung auf den Ergebnissen der bereichsübergreifenden Personalkapazitätsanpassung auf. Als Voraussetzung für eine effiziente Lösungsfindung wird im ersten Verfahrensschritt zunächst der unscharfe Zielraum der Optimierungsfunktion in Form von Planungspräferenzen bezogen auf die aktuelle Planungssituation angepaßt. Nachfolgend wird die Optimierung der Personalzuordnung mit Hilfe der Optimierungsfunktion durchgeführt. Als Ergebnis der Optimierung erhält man einen Personaleinsatzplan PE, der den vorgegebenen Zielraum (Unschärfebereich) erfüllt[115]. Die Lage des Personaleinsatzplans PE innerhalb des Zielraums wird anschließend mit Hilfe eines Bewertungsverfahrens überprüft. Liegt der Personaleinsatzplan PE außerhalb eines angestrebten Toleranzfelds, können interaktiv durch den Personaldisponenten Maßnahmen zur Optimierung des Personaleinsatzplans PE eingeleitet werden.

---

[115] Nachdem der erste Personaleinsatzplan innerhalb des Zielraums gefunden wurde, wird der Planungsvorgang abgebrochen. Die Optimierungsfunktion ist nicht in der Lage, durch einen Vergleich alternativer Lösungsmöglichkeiten die optimale Lösung innerhalb des Zielraums zu ermitteln.

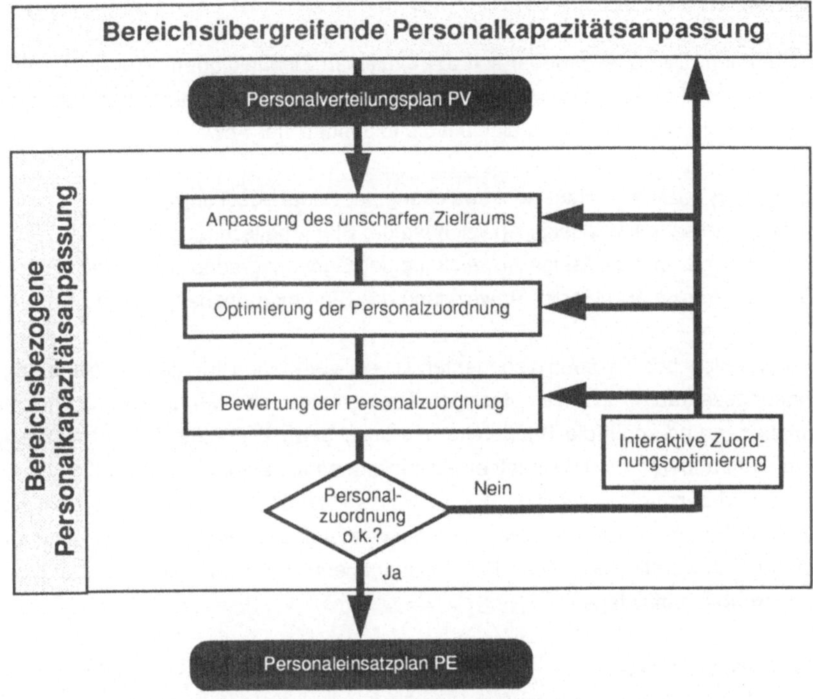


Bild 7.2-1:    Verfahrensablauf zur bereichsbezogenen Personalkapazitätsanpassung


## 7.2.1    Anpassung des unscharfen Zielraums

Das Gesamtergebnis sowie die Lösungseffizienz der Optimierungsfunktion wird
im wesentlichen durch die Wahl des Unschärfebereichs der einzelnen Zielfunktionen bestimmt. Wie in Kapitel 6.5.3 dargestellt, setzt sich der Zielraum der
Optimierungsfunktion aus den vier Zielfunktionen:

❑  Optimierung der Bedarfsdeckung,
❑  Optimierung der Planarbeitszeitdeckung,
❑  Maximierung der Eignungsgraddeckung und
❑  Maximierung des Stammgruppeneinsatzes

zusammen. Der Unschärfebereich der einzelnen Zielfunktionen wird als maximal zulässiger Abweichungswert (MA) vom erreichbaren Zielfunktionswert beschrieben. Im einzelnen handelt es sich um die folgenden vier Abweichungswerte:

- ❏ $MA_{PKB}$ (maximal zulässige Abweichung der Bedarfsdeckung),
- ❏ $MA_{PZ}$ (maximal zulässige Abweichung der Planarbeitszeitdeckung),
- ❏ $MA_{ES}$ (maximal zulässige Abweichung der Eignungsgraddeckung) und
- ❏ $MA_{SA}$ (maximal zulässige Abweichung des Stammgruppeneinsatzes).

Die Aufgabe des Personaldisponenten ist es, zum einen für den zu planenden Planungszeitraum $PZR_r$ die zulässigen Abweichungswerte MA der einzelnen Zielfunktionen und somit die Bandbreite des unscharfen Zielraums a priori festzulegen, zum anderen für die einzelnen Zielfunktionen die angestrebten Zielfunktionswerte und damit die Dimension des Zielraums vorzugeben. Abhängig von der aktuellen Planungssituation sowie den anwendungsspezifischen Gegebenheiten kann es notwendig sein, diese Planungsparameter in unterschiedlichen Detaillierungsgraden festzulegen.

Die Zielfunktionswerte $PKB_{j,t}$ der Zielfunktion Bedarfsdeckung sind durch die aktuelle Absatzsituation vorgegeben. Zur Festlegung des unscharfen Zielraums ist somit vom Personaldisponenten die maximal zulässige Abweichung $MA_{PKB}$ abhängig von der aktuellen Planungssituation festzulegen. Für den Fall einer hohen Anforderung an die Detaillierung der Planungsparameter kann die zulässige Abweichung planungszeitabschnittsweise in Form der Abweichungswerte $MA_{PKB,t}$ für alle Planungszeitabschnitte $PZA_t$ angegeben werden. Für den Fall einer planungszeitraumbezogenen Betrachtung genügt es dagegen für den Planungszeitraum $PZR_r$ einen globalen Abweichungswert in Form des Abweichungswertes $MA_{PKB,r}$ zu bestimmen. Die Abweichungswerte $MA_{PKB,j,t}$ als Planungsparameter der Zielfunktion der Bedarfsdeckung berechnen sich daraus wie folgt:

$$MA_{PKB,j,t} = PKB_{j,t} * MA_{PKB,r} \text{ bzw.}$$
$$MA_{PKB,j,t} = PKB_{j,t} * MA_{PKB,t}.$$

Die Zielfunktionswerte $PZ_{j,r}$ der Zielfunktion Planarbeitszeitdeckung sind durch die von den Mitarbeitern planmäßig zur Verfügung gestellte Arbeitszeit für den Planungszeitraum $PZR_r$ fest vorgegeben. Die Aufgabe des Personaldisponenten ist es somit, die maximal zulässige Abweichung $MA_{PZ}$ zur Beschreibung des unscharfen Zielraums festzulegen. Abhängig von der aktuellen Planungssituation und der Notwendigkeit der Detaillierung der Planungsparameter kann der Abweichungswert $MA_{PZ}$ für jeden Mitarbeiter $AN_i$ einzeln in Form der Abweichungswerte $MA_{PZ,i}$ oder aber global für einen Planungszeitraum $PZR_r$ in Form des Abweichungswerts $MA_{PZ,r}$ vorgegeben werden. Die Abweichungswerte $MA_{PZ,i,r}$ als Planungsparameter der Zielfunktion der Bedarfsdeckung berechnen sich wie folgt:

$$MA_{PZ,i,r} = PZ_{i,r} * MA_{PZ,i} \quad \text{bzw.}$$
$$MA_{PZ,i,r} = PZ_{i,r} * MA_{PZ,r}.$$

Die Zielfunktionswerte $ES_t$ der Zielfunktion Eignungsgraddeckung sind nicht aufgrund einer Planungsprämisse determiniert, sondern müssen durch den Personaldisponenten im Vorfeld definiert werden. Hierzu wird vom Personaldisponenten der anvisierte durchschnittliche Zielfunktionswert $ES_r$ für den zu planenden Planungszeitraum $PZR_r$ angegeben. Die Zielfunktionswerte $ES_t$ ergeben sich somit aus dem Produkt des Zielfunktionswerts $ES_r$ und der Summe der einzuplanenden Mitarbeiter $ANW_{i,t}$. Es gilt:

$$ES_t = ES_r * \sum_{i=1}^{I} ANW_{i,t} \qquad \text{für alle } AN_i \in PG_g$$

Zur Bestimmung der zulässigen Abweichungswerte $MA_{ES,t}$ der Zielfunktionswerte $ES_t$ muß vom Personaldisponenten im Vorfeld abhängig von der aktuellen Planungssituation des betrachteten Planungszeitraums $PZR_r$ der zulässige Abweichungswert $MA_{ES,r}$ festgelegt werden. Aus diesem Vorgabewert berechnen sich die zulässigen Abweichungswerte $MA_{ES,t}$ wie folgt:

$$MA_{ES,t} = MA_{ES,r} * \sum_{i=1}^{I} ANW_{i,t} \qquad \text{für alle } AN_i \in PG_g$$

Analog zur Zielfunktion der Eignungsgraddeckung müssen für die Zielfunktion zur Maximierung des Stammgruppeneinsatzes vom Personaldisponenten die Zielfunktionswerte $SA_t$ und die Abweichungswerte $MA_{ES,t}$ festgelegt werden. Zur Bestimmung des Zielfunktionswerts $SA_t$ wird vom Personaldisponenten ein Globalzielwert $SA_r$ für den zu planenden Planungszeitraum $PZR_r$ angegeben. Aus diesem Globalzielwert berechnen sich die Zielfunktionswerte $SA_t$ wie folgt:

$$SA_t = SA_r * \sum_{i=1}^{I} ANW_{i,t} \qquad \text{für alle } AN_i \in PG_g$$

Zur Festlegung der zulässigen Abweichungswerte $MA_{SA,t}$ der Zielfunktionswerte $SA_t$ wird vom Personaldisponenten a priori für den betrachteten Planungszeitraum $PZR_r$ der zulässige Abweichungswert $MA_{SA,r}$ definiert werden. Aus diesem Vorgabewert berechnen sich die zulässigen Abweichungswerte $MA_{ES,t}$ wie folgt:

$$MA_{SA,t} = MA_{SA,r} * \sum_{i=1}^{I} ANW_{i,t} \qquad \text{für alle } AN_i \in PG_g$$

Inwieweit die Festlegung der Zielfunktionswerte sowie der Abweichungswerte des Zielraums in Abhängigkeit von der aktuellen Planungssituation differenziert zu betrachten sind, soll im folgendem an einem Beispiel dargestellt werden: Liegt beispielsweise eine angespannte Auftragslage in einem Planungszeitraum $PZR_r$ vor, so ist der Zielwert der Bedarfsdeckung sehr klein zu wählen, die Zielwerte für die Gesamtarbeitzeit, die Eignungsgradsumme sowie die Stammgruppenzuordnung dagegen sehr groß. Die Optimierung der Bedarfsdeckung rückt damit in den Mittelpunkt. Für den Fall einer entspannten Auftragslage können dagegen die Zielwerte für die Gesamtarbeitzeit, die Eignungsgradsumme sowie die Stammgruppenzuordnung sehr klein gewählt und somit die Optimierung der eignungs- und mitarbeiterorientierten Zielstellung priorisiert werden.


## 7.2.2   Optimierung der Personalzuordnung

Die Optimierung der Personalzuordnung erfolgt mit Hilfe der in Kapitel 6.5.3 entwickelten Optimierungsfunktion. Auf der Grundlage des Personalkapazitätsbedarfs $PKB_{j,t}$ je Arbeitsplatzgruppe $APG_j$ und Planungszeitabschnitt $PZA_t$, der Arbeitszeiten $AZ_{i,t}$, der Eignungskoeffizienten $E_{i,j}$ der Mitarbeiter $AN_i$ sowie des unscharfen Zielraums wird die Optimierung der Personalzuordnung für einen Produktionsbereich $PB_b$ und einen Planungszeitraum $PZR_r$ durchgeführt. Ergebnis der Optimierung ist der Personaleinsatzplan PE, der den Personaleinsatz für die einzelnen Arbeitsplatzgruppen $APG_j$ und Planungszeitabschnitte $PZA_t$ des betrachteten Planungszeitraum $PZR_r$ beschreibt.


### 7.2.3 Bewertung der Personalzuordnung

Die Hauptaufgabe der Bewertung der Personalzuordnung liegt in der zielgerichteten Analyse und Aufbereitung der Planungsergebnisse als Entscheidungsgrundlage für die interaktive Kapazitätsanpassung. Im Gegensatz zu herkömmlichen Optimierungsverfahren, wo in der Regel ein explizites Optimierungsziel in Form eines Mengenwertes den Grad des erreichten Optimums zum Ausdruck bringt[116] , ist bei dem hier verfolgten Optimierungsansatz der Erfüllungsgrad des unscharfen Zielraums zu analysieren und zu bewerten. Neben dem Personaleinsatzplan PE als Lösung des Zuordnungsproblems liefert die Optimierungsfunktion hierzu als Maß für den Erfüllungsgrad der vier Zielfunktionen des unscharfen Zielraums das Gütemaß der Personalzuordnung $\tau$ (Kompromißgüte).

Anhand dieses Gütemaßes $\tau$ kann also für den Planungszeitraum $PZR_r$ die Güte der Personalzuordnung bewertet werden. Zur Bewertung der Güte der Personalzuordnung dient eine Toleranzfunktion, die über den Zeitverlauf die Ober- und Untergrenze für das Gütemaß $\tau$ angibt (vgl. Bild 7.2.3-1). Die Obergrenze als Maß für die maximal erreichbare Kompromißgüte sowie die Untergrenze als Maß, ab deren Unterschreitung der Personaleinsatzplan PE verworfen wird, sind abhängig von den anwendungsspezifischen Gegebenheiten sowie der aktuellen Planungssituation festzulegen.

Das Gütemaß $\tau$ stellt somit ein effizientes Instrument zum Vergleich alternativer Lösungsvorschläge bzw. zur pauschalen Bewertung und Eingruppierung einer Lösung dar. Dennoch erfolgt die letzte Entscheidung für eine Lösung immer auf der Grundlage der aktuellen Ausprägung der Lösung. Für die praktische Anwendung des Verfahrens muß in diesem Zusammenhang daher eine Benutzer-

---

[116] Die in der Literatur dargestellten Personalzuordnungsmodelle sind mathematisch als unimodulare Gleichungssysteme mit einer Zielfunktion und mehreren Nebenbedingungen formuliert. Angestrebte Optimierungsziele sind dabei beispielsweise die Lohnkostenminimierung, Arbeitskräfteminimierung, Minimierung der Abweichung zwischen Anforderungs- und Qualifikationsprofil etc /86/

oberfläche geschaffen werden, die den Personaleinsatzplan PE optimal visualisiert.

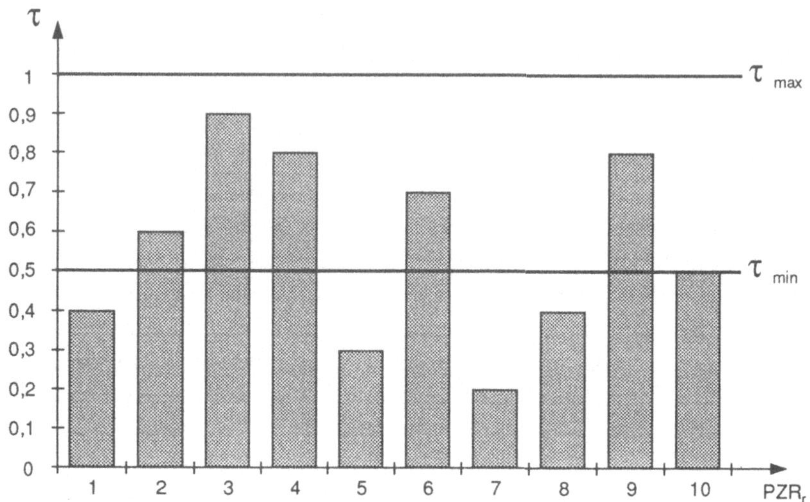

Bild 7.2.3-1: Kompromißgüte $\tau$ über den Zeitverlauf


## 7.2.4 Interaktive Zuordnungsoptimierung

Wird der Personaleinsatzplan PE als Ergebnis der Bewertung der Personalzuordnung als nicht zufriedenstellend vom Personaldisponenten eingestuft, kann mit Hilfe der interaktiven Zuordnungsoptimierung ein alternativer Personaleinsatzplan ermittelt bzw. der bestehende Einsatzplan modifziert werden. Das Verfahren der bereichsbezogenen Personalkapazitätsanpassung arbeitet damit in Analogie zur bereichsübergreifenden Personalkapzitätsplanung nicht nach einem starr definierten Automatismus, sondern bietet dem Personaldisponenten die Möglichkeit im Dialog sein Erfahrungswissen sowie spezifischen Planungsprämissen im Planungsprozeß zu berücksichtigen.

Genügt der im ersten Lauf der Optimierungsfunktion ermittelte Personaleinsatzplan PE nicht den gestellten Anforderungen, kann der Personaldisponent seine Zielfunktions- und Abweichungsfunktionswerte mit den in Kapitel 7.2.1 entwickelten Benutzerfunktionen weiter oder enger fassen und in einem revidierten Planungslauf einen neuen Personaleinsatzplan PE ermitteln lassen. Stellt der ermittelte Personaleinsatzplan PE jedoch für den Personaldisponenten eine gute Grundlage dar, die es im weiteren Planungsprozeß nur noch zu modifizieren gilt, hat er die Möglichkeit über eine interaktive Benutzeroberfläche von Hand in den Planungsprozeß einzugreifen. Hier stehen ihm Benutzerfunktionen zur Verfügung, die ihm einerseits die Möglichkeit bieten, unbeschränkte oder zeitbezogene Zuordnungsverbote und -gebote für den Planunsprozeß zu formulieren, andererseits die Möglichkeit eröffnen, Personalversetzungen zu simulieren.

Zusammenfassend läßt sich festhalten: Die interaktive Vorgehensweise wird optimal durch die Anwendung des unscharfen linearen Kompromißansatzes der Optimierungsfunktion unterstützt. Die Lösung des unscharfen linearen Zuordnungsprogramms kann als Grundlage für Kollegialentscheidungen auf Bereichsebene angesehen werden. Er kann als ein von allen akzeptierter Konfliktlösungsansatz angesehen werden, der durch die Bereitstellung einer Lösung die Abstimmungsdiskussion ersetzt oder im Falle einer interaktiven Verwendung die Konfliktlösungsprozedur formalisiert. Bei Verwendung des unscharfen linearen Kompromißansatzes braucht nur über die Änderung von Beschränkungsgrößen diskutiert zu werden. Der Abstimmungsvorgang endet, wenn eine der ermittelten Lösungen allen Beteiligten akzeptabel erscheint.

## 7.3 Gesamtablauf des Verfahrens

Das entwickelte Verfahren zur mittelfristigen Personalkapazitätsanpassung für Produktionssysteme mit bedarfsorientierten Serienproduktion setzt sich aus den in Kapitel 7.1 und 7.2 hergeleiteten Verfahrensbausteinen und dem in Kapitel 6 entwickelten Planungsmodell zusammen. Der Gesamtablauf des Verfahrens ist in Bild 7.3-1 zusammengefaßt.

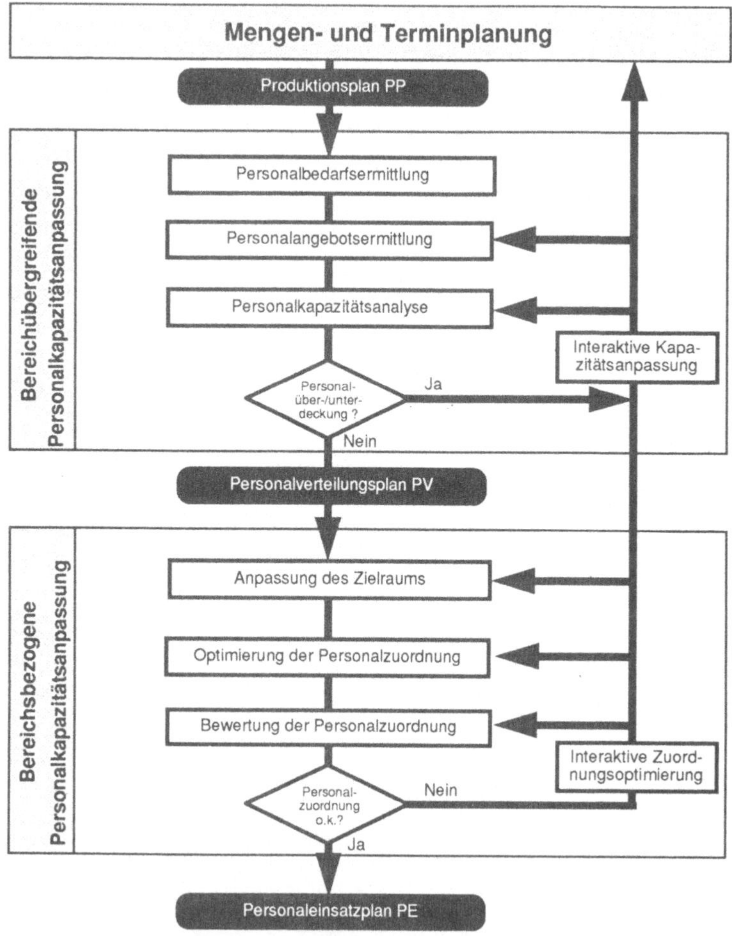


Bild 7.3-1:    Gesamtablauf des Verfahrens

## 8.  Anwendung des Verfahrens

Das entwickelte Verfahren zur mittelfristigen Personalkapazitätsanpassung wurde zur Verifizierung der Nutzenpotentiale sowie der Funktionsfähigkeit in einem Systemprototypen ("PEPSY" /12, 13,/) umgesetzt und einem Praxistest in einem Pilotbereich eines Unternehmens der Automobilzulieferindustrie unterworfen. Der betrachtete Pilotbereich umfaßte dabei eine mehrstufige Serienproduktion, die nach dem Fließinselprinzip organisiert ist. Die Ausgangssituation im betrachteten Pilotbereich kann wie folgt charakterisiert werden:

Im Rahmen einer durchgeführten Restrukturierung des Unternehmens wurde die Fertigung, die bisher nach dem Werkstattprinzip organisiert war, in eine flußorientierte Organisationsform gemäß dem Fließinselprinzip reorganisiert. Ziel war es, durch eine räumliche Zuordnung der einzelnen Maschinen zu bestimmten Produktgruppen eine Minimierung von Materialflußschnittstellen zu erzielen sowie ganzheitliche, prozeßorientierte Verantwortungsbereiche zu schaffen, mit dem Ziel die Vorteile flußorientierter Organisationsstrukturen hinsichtlich Durchlaufzeit, Umlaufbestand etc. nutzen zu können[117]. Die Erfahrungen mit der eingeführten Organisationsform haben durchweg positive Ergebnisse erbracht. Dennoch zeigte sich, daß zur Ausschöpfung aller vorhandenen Rationalisierungspotentiale hinsichtlich der Zielstellung JIT-Produktion[118] mit 100% Qualität, die Flexibilitäts- und Qualifikationspotentiale der Mitarbeiter bisher noch nicht optimal genutzt werden konnten. Im einzelnen konnte das auf fehlende Regelungen für einen be-

---

117  Der betrachtete Pilotbereich setzt sich aus 4 Produktionsbereichen (Vorbearbeitung, Kleinserie, Großserie, Exotenfertigung und Endbearbeitung) zusammen. Jedem Produktionsbereich ist eine Personalgruppe zugeordnet, die im 24-Stundenservice abhangig von der aktuellen Auftragssituation den Maschinenpark betreut. Zusätzlich ist dem Pilotbereich noch ein Springerpool zugeordnet, der in den einzelnen Produktionsbereichen Instandhaltungs- und Springerfunktionen wahrnimmt. Die Große der Personalgruppen schwankt zwischen 15 bis 20 Mitarbeitern. Der Springerpool besteht aus 6 Mitarbeitern. Insgesamt werden im Pilotbereich 78 Mitarbeiter beschäftigt.

118  Just-in-time ist eine Philosophie, deren Ziel es ist, ein Produkt oder eine Dienstleistung durch geeignete Planung, Steuerung und Kontrolle aller Materialstrome und deren dazugehörigen Informationsströme Just-in-Time zu erstellen, d h. ohne Verschwendung von Zeit, Material, Arbeitskraft und Energie entsprechend den Wunschen des Kunden bezüglich Preis, Qualität und Lieferservice bereitzustellen. Maßstab für den Erfolg ist die maximale Wirtschaftlichkeit, die zum jeweiligen Zeitpunkt durch das einsatzbereite Instrumentarium erreicht werden kann /130/.

darfsgerechten Personaleinsatz[119], mangelnde Transparenz über die Eignung der Mitarbeiter sowie auf das Fehlen eines Instruments, den Personaleinsatz im Rahmen der Produktionsplanung und -steuerung effektiv und effizient planen zu können, zurückgeführt werden. Die Folge waren Lieferverzögerungen, Ad hoc-Maßnahmen wie Überstunden und Samstagsarbeit sowie Personalfehlentscheidungen wie beispielsweise gravierende Fehlallokationen von Mitarbeitern, die zu einer mangelnden Leistungsbereitschaft bei den Mitarbeitern führte.

Ziel war es daher, die Planung des Personaleinsatzes im Sinne eines geordneten informationsverarbeitenden Prozesses, zur Erreichung vorgegebener Ziele in den kontinuierlichen Planungsprozeß der Produktionsplanung und -steuerung zu integrieren. Dazu wurde das Verfahren zur mittelfristigen Personalkapazitätsanpassung basierend auf dem im Anhang dargestellten Systemkonzept im Pilotbereich eingeführt. Als Voraussetzung für die erfolgreiche Einführung des Verfahrens wurden zunächst im Rahmen einer Betriebsvereinbarung flexible Arbeitszeit- und Personaleinsatzmodelle erarbeitet und vereinbart und die für die Personalkapazitätsanpassung erforderlichen mitarbeiterbezogenen Informationen sowie deren Verwendungszweck festgelegt.

Mit dem Verfahrenseinsatz in der betrieblichen Praxis konnte der Nachweis erbracht werden, daß das entwickelte Verfahren allen gestellten Anforderungen gerecht wird. So konnte durch die Anwendung der bereichsübergreifenden Personalkapazitätsanpassung eine optimale Besetzung der Personalgruppen erreicht und damit die Voraussetzung für eine eigenverantwortliche, termingerechte Auftragsdurchführung im Produktionsbereich geschaffen werden. Desweiteren erweiste sich die bereichsübergreifende Personalkapazitätsanpassung als ein optimales Instrument zur Planung des Personaleinsatzes für die einzelnen Arbeitsplatzgruppen. Als quantifizierbares Ergebnis seit der Einführung des Planungsinstruments im Pilotbereich konnte eine Steigerung der termingerechten Bedarfsdeckung um 10% erzielt werden. Zudem konnte eine deutliche Reduzierung des Personal- und Arbeitsplatzgruppenwechsels als Erfolg des Planungsinstruments verbucht werden /12/.

---

[119] Beispielweise mußten Überstunden am Mittwoch der laufenden Kalenderwoche für die folgende Woche beim Betriebsrat beantragt werden.

# 9. Zusammenfassung und Ausblick

Unternehmen aller Branchen und Größenklassen werden immer mehr zur Ausschöpfung vorhandener Flexibilitätspotentiale gezwungen. Der hohe Stellenwert dieser Zielstellung resultiert sowohl aus der operativen Dringlichkeit als auch aus der wettbewerbsstrategischen Wichtigkeit von Effektivitäts- und Effizienzverbesserungen in einem turbulenten Unternehmensumfeld. Neuregelungen über flexiblere Arbeitseinsatzmodelle als Voraussetzung für bedarfsgerechtere Betriebszeiten sind dazu die wesentlichen Ansätze, die seitens des Gesetzgebers im Rahmen des Arbeitsrechts und seitens der Gewerkschaften im Rahmen des Tarifsrechts als notwendige Impulse in der jüngsten Vergangenheit gegeben wurden. Diese Neuregelungen stellen jedoch nicht nur einen Flexibilitätsgewinn für unsere Unternehmen dar, sondern ebenfalls einen erheblichen planerischen Mehraufwand. Wo früher tarifrechtliche Regelungen klare Vorgaben lieferten, an die sich die Personaleinsatzplanung halten mußte, stehen nun individuell gestaltbare Lösungsspektren zur Verfügung. Die Ausweitung dieses erweiterten Lösungsraumes ist insgesamt gesehen für die Unternehmensplanung vorteilhaft, für die Planung des Personaleinsatzes im Rahmen der mittelfristigen Produktionsplanung und -steuerung ohne methodisch-instrumentelle Hilfen aber ein kaum sinnvoll lösbares Problem.

Die vorliegende Arbeit leistet daher einen Beitrag, um diese Flexibilität als Stärke des Unternehmens und als Chance für den Mitarbeiter nutzbar zu machen. Dazu wurde ein Verfahren zur mittelfristigen Personalkapazitätsanpassung entwickelt, das im Rahmen der mittelfristigen Produktionsplanung und -steuerung abhängig vom Arbeitsanfall im Unternehmen den Personaleinsatz bedarfsgerecht plant. Um dem Anspruch eines leistungsstarken, mitarbeiterorientierten, interaktiven und benutzernahen Lösungsverfahrens gerecht zu werden, wurde das Planungsverfahren auf Basis der Fuzzy-Set-Theorie entwickelt. Zum einen wurden zwei unscharfe Verfahrensbausteine entwickelt, die aufbauend auf einem bereichsübergreifenden Personaleinsatzmodell sowie dem Springerkonzept eine bereichsübergreifende Personalkapazitätsanpassung durchführen. Zum andern wurde für die bereichsbezogene Kapazitätsanpassung ein Verfahrensbaustein auf der Basis der Fuzzy-Set-Theorie entwickelt, der durch die Variation des Einsatzortes sowie der Einsatzzeit der Mitarbeiter innerhalb eines Produktionsbereichs eine bedarfs- und mitarbeiterorientierte, bereichsbezogene Personalbesetzung ermittelt. Die entwickelten Verfahrensbausteine wurden zudem in ein interaktives Planungsverfahren integriert. Damit konnte der Anforderung Rechnung getragen werden, unscharfe Entscheidungssituationen der Praxis in Form von Toleranzgrößen in den Planungsprozeß eines quantitativen Planungsinstruments zur Personalkapazitätsanpassung abzubilden. Das Ergebnis der Planung stellt eine Kompromißlösung dar, die unter Berücksichtigung von markt- und mitarbeiterorientierten Zielsetzungen in Abhängigkeit von der aktuellen Planungssituation den größten gemeinsamen Erfüllungsgrad ermittelt.

Weiterführende Arbeiten ergeben sich vor dem Hintergrund, daß nicht nur die Individualisierung und Flexibilisierung des Personaleinsatzes planerische Probleme in der Produktionsplanung und -steuerung bereiten, sondern daß zukünftig von Unternehmen eine Vitalität gefordert wird, die eine immer schnellere Anpassungsfähigkeit an veränderte Umweltbedingungen ermöglicht. Dazu sind gemäß dem Konzept der Fraktalen Fabrik /81, 118/ Mechanismen zur dynamischen Unternehmensstrukturierung notwendig, die im wesentlichen eine Analyse des zielorientierten Beziehungsgeflechts zwischen und innerhalb der reaktionsschnellen, teilautonomen Unternehmenseinheiten durchführen und aufgrund veränderter Zielstellungen Anpassungsmaßnahmen ableiten.

In diesem Zusammenhang ist das hier entwickelte Planungsinstrument zur mittelfristigen Personalkapazitätsanpassung zu einem Instrument zur Personalnavigation zu erweitern. D.h. es sind Planungsfunktionen zu entwickeln, die auf der Basis von Ziel- und Leistungsvorgaben die optimale Dimensionierung und den effizienten Einsatz des Personals in dynamischen Unternehmensstrukturen durch kontinuierliche Anpassungsaktivitäten sicherstellen. Um die optimale Vernetzung von Fraktalen in bidirektionaler Richtung zu gewährleisten, sind Merkmale zur Beschreibung von Beziehungsintensitäten und -qualitäten zu identifizieren. Ferner sind zur Unterstützung der Flexibilität und der Eigenverantwortlichkeit der Fraktalen Kommunikationsmodelle zur bedarfs- und situationsgerechten Kommunikation zu entwickeln.

Als wesentliche Einflußgröße auf die Flexibilität von Fraktalen kommt einer schnellen und flexiblen Verarbeitung vor allem von unscharfen Planungs- und Steuerungsinformationen eine besondere Bedeutung zu. Vor diesem Hintergrund gilt es zu überprüfen, inwieweit das hier entwickelte Planungsinstrument auf Basis der Fuzzy-Set-Theorie auf andere Planungsaufgaben im Rahmen der Planung und Steuerung der Fraktale angewandt werden kann.

# 10. Schrifttum

/1/     Ackermann, K.-H.:
Systematische Arbeitzeitgestaltung, Handbuch für ein Planungskon-
zept.
Köln: Deutscher Instituts-Verlag (1988).

/2/     Altmann, G.:
Personalstrategie für neue Technologien in der Produktion.
In: Europäische Hochschulschriften.
Frankfurt/Main: Verlag Peter Lang (1988).

/3/     Ambrosy, R.:
Personalplanung bei variabler Organisationsstruktur.
In: Europäische Hochschulschriften, Reihe 5 Volks- und Betriebswirt-
schaft Band 387.
Frankfurt/Main: Peter Lang Verlag (1982).

/4/     Barg, A.:
Aufbau eines Informationsmodells für die Neustrukturierung
der Produktion.
Aachen: Universität, Dissertation (1991).

/5/     Beyer, H.-T.:
Determinanten des Personalbedarfs.
Bern, 1981.

/6/     Bea/Dichtl/Schweitzer:
Allgemeine Betriebswirtschaftlehre, Band 3 Leistungsprozeß,
4.Auflage.
Stuttgart: UTB Fischer Verlag (1990).

/7/     Bellmann, R. E.; Zadeh, L. A.:
Decisionmaking in a Fuzzy Enviroment.
In: Management Science, Vol. 4 (1970).

/8/     Bichler, K.:
Logistikorientiertes PPS-System: Konzeption, Entwicklung
und Realisierung.
Wiesbaden: Gabler Verlag (1992).

/9/     Bleicher, K.:
Organisation, Formen und Modelle.
Wiesbaden: Gabler Verlag (1981).

/10/     Blin, J.M.:
Fuzzy Sets in Mulitcriteria Decision Making.
In: TMS Studies in the Management Sciences, Vol. 6 (1977).

/11/        Böckle, F.:
Flexible Arbeitszeit im Produktionsbetrieb.
In: Europäische Hochschulschriften, Reihe 5 Volks- und Betriebswirt-
schaft Band 226.
Frankfurt/Main: Peter Lang Verlag (1989).

/12/        Braun, H.-J.:
Agieren statt reagieren - Bedarfsorientierte Personaleinsatzplanung.
In: wt Produktion und-Management (11/1994).

/13/        Braun, H.-J.:
Personallogistik - die Voraussetzung für JIT.
In: Arbeitsvorbereitung (AV), Carl Hanser Verlag, (4/92).

/14/        Braun, H.-J.; Lenz, B.:
PPS - ein Unternehmensverständnis und nicht nur ein Softwarepaket.
In: IPA-Technologie-Forum; PPS und Logistik.
Stuttgart: IPA-FhG, 1991.

/15/        Braun, H.-J.:
Der Mensch im Mittelpunkt neuer Organisationsformen.
In: IPA-Technologie-Forum; Zukunftsorientiertes Produktions-
management im Verbund mit moderner Informationstechnologie.
Stuttgart: IPA-FhG, 1993

/16/        Braun, R.:
Die Aufgaben der Personaleinsatzplanung und das zu ihrer Bewälti-
gung erforderliche Instrumentarium.
Zürich: Hochschule St. Gallen, Dissertation Nr.635 (1978).

/17/        Bretzke, W.-R.:
Zum Problembezug von Entscheidungsmodellen.
Tübingen, 1980.

/18/        Brockhoff, K.:
Delphi-Prognosen im Computer-Dialog.
Tübingen, 1979

/19/        Bronstein, I.I.; Semendjajew K.A.:
Taschenbuch der Mathematik, ergänzende Kapitel.
Leibzig: BSB Teubner Verlagsgesellschaft (1979)

/20/        Buchholz, W.:
Der langfristige Personalbedarf in öffentlichen Verwaltungen.
Projektionen mit einem System-Dynamics-Modell.
Baden-Baden, 1980.

/21/     Büge, H.:
Langfristige Perspektiven der Arbeitszeitgestaltung - Rahmenbe-
dingungen zu und Anforderungen an zeitgerechte Arbeitszeitmodelle.
In: Fortschrittliche Betriebsführung und Industrial Engineering (1/1989).

/22/     Bühner, R.:
Strategische Investitionsplanung für neue Technologien, Band 2,
Personalentwicklung für neue Technologien in der Produktion.
Stuttgart: Schäfer Verlag (1986).

/23/     Bühner, R., Kleinschmidt, P.:
Rechnergestützte Personaleinsatzplanung: Ein optimierter Personal-
einsatz bringt Produktivitätsvorteile.
In: Technica (4/1991).

/24/     Bullinger, H.-J.:
Personalentwicklung und -qualifikation.
Berlin u.a.: Springer-Verlag (1992).

/25/     Bullinger, H.-J.; Klein, A.:
Flexible Arbeitszeit im zukunftsorienterten Produktionsbetrieb.
Chancen und Risiken.
In: wt - Zeitschrift für Industrielle Fertigung (10/1989).

/26/     Cerulli, R.; Glaudioso, M.; Mautone, R.:
A Class of Manpower Scheduling Problems.
In: Methods and Models of Operations Research , Vol. 36 (1992).

/27/     Chang, S.:
Fuzzy Dynamic Programming and the Decision Making Process.
In: Proc. 3rd Princton Conf. Inform Sci. Syst. (1969).

/28/     Chow, W.:
A Dynamic Job-Assignment Policy.
In: International Journal of Production Research, Vol. 26 (1988).

/29/     CIM-AG:
Jahresbericht 1992 des Arbeitskreises 3.1 der CIM-AG.
Stuttgart: IPA-FhG, 1992.

/30/     Constantopoulos, P.:
Decision Support for Massive Personnel Assignment.
In: Elsevier Science Publisher B.V. (1989).

/31/     Dägling, K.D.; Hermsen, J.:
Die Planung des Personaleinsatzes.
In: Der Betrieb, 26 Jg. (1973).

/32/    Dangelmaier, W.:
Strategien der Fertigungssteuerung im Leistungsvergleich.
In: Zeitschrift für wirtschaftliche Fertigung (2/1992).

/33/    Dienstdorf, B.:
Kapazitätsanpassung durch flexiblen Personaleinsatz bei
Werkstattfertigung.
Aachen: Technische Hochschule, Dissertation (1972).

/34/    Dittmayer, S.:
Arbeits- und Kapazitätsteilung in der Montage
Stuttgart: Universität, Dissertation (1981).

/35/    Dönni, B.:
Verfahren zur optimalen Personalzuordnung entwickelt am Beispiel
eines Großbetriebes.
Zürich: Buchdruckerei, Berichthaus (1965).

/36/    Döringer, P.B., Piore, M.J., Scoville, J.G.:
Corporate Manpower Forecasting.
In: Manpower Planning and Programming.
Boston, 1972.

/37/    Domsch, M.; Gabelin,T.:
Der Aufbau eines Systems zur Personaleinsatzplanung.
In: Zeitschrift der Betriebswirtschaft, 41.Jg (1977).

/38/    Domsch, M.:
Systemgestütze Personalarbeit.
Wiesbaden: Gabler Verlag (1980).

/39/    Drumm H. J.; Scholz C.:
Personalplanung, 2.Auflage.
Stuttgart: Paul Haupt Verlag (1988).

/40/    Duschek, E.:
Personalbedarfsrechnung.
In: Zeitschrift für das gesamte Rechhnungswesen, I-III (1967).

/41/    Ellinger, T.; Wildemann, H.:
Planung und Steuerung der Produktion aus betriebswirtschaftlich-
technologischer Sicht.
Wiesbaden: Gabler Verlag (1978).

/42/    Eversheim, W.:
Organisation in der Produktionstechnik, Bd. 4,
Fertigung und Montage.
Düsseldorf: VDI-Verlag (1989).

/43/     Fehr, H.:
         Quantitative Methoden in der Personalplanung.
         Hamburg: Universität, Dissertation (1973).

/44/     Fitting, K.; Auffarth, F.; Kaiser, H.; Heither, F.:
         Betriebsverfassungsgesetz: Handkommentar, 16. Auflage.
         München: Franz Vahlen Verlag (1990).

/45/     Flood, M.M.:
         The Travelling Salesman Problem.
         In: Journal of the Operation Research Society of
         Amerika, Vol. 4 (1956).

/46/     Förster, H.-U.; u.a.:
         Marktspiegel PPS-Systeme auf dem Prüfstand.
         Köln: Verlag TÜV Rheinland GmbH (1987).

/47/     Ford, L.R..; Fulkerson, D.R.:
         Solving the Transportation Problem.
         In: Management Science, Vol. 3, (1956).

/48/     Fuchs, R.-M.:
         Ein Planungsverfahren zur Erkennung und Bewältigung von Material-
         und Kapazitätsengpässen bei mehrstufiger Linienfertigung.
         Stuttgart: Universität, Dissertation (1990).

/49/     Freund, F.; Knoblauch, R.; Racke, G.:
         Praxisorientierte Personalwirtschaft, 2. Auflage.
         Stuttgart: Kohlhammer Verlag, (1988).

/50/     Geitner, U.W.:
         Betriebsinformatik für Produktionsbetriebe,
         Teil 3 Methoden der Produktionsplanung und -steuerung.
         München: Carl Hanser Verlag (1987).

/51/     Gelders, L.F.; van Wassenhave, L.N.:
         Capacity Planning in MRP, JIT and OPT: A Critique.
         In: Engineering Costs and Production Economics (9/1985).

/52/     Goossens, F.:
         Personalleiter Handbuch.
         München: Verlag Moderne Industrie (1966).

/53/     Greiner, T:
         Ein Algorithmus zur kapazitätsorientierten Bildung von Losen.
         Stuttgart: Universität, Dissertation (1988).

/54/     Große-Ötringhaus, W.F.:
         Fertigungstypologie unter dem Gesichtspunkt der Fertigungsablaufpla-
         nung.
         Berlin: Duncker & Humbolt (1974).

/55/     Günther, H.-O.:
         Produktionsplanung bei flexibler Personalkapazität.
         Stuttgart: C.E. Poeschel Verlag (1989)

/56/     Gutenberg, E.:
         Grundlagen der Betriebswirtschaftslehre,
         Bd. I, Die Produktion, 1. Auflage.
         Berlin u.a.: Springer Verlag (1951)

/57/     Gutenberg, E.:
         Grundlagen der Betriebswirtschaftslehre,
         Bd. I, Die Produktion, 24. Auflage.
         Berlin u.a.: Springer Verlag (1984)

/58/     Hachtel, G.:
         Entwicklung eines bestandsorientierten Fertigungssteuerungssystems
         für die Großserienfertigung am Beispiel des Automobilbaus.
         Stuttgart: Universität, Dissertation (1989).

/59/     Hackstein, R.; Nüssgens, K.H.; Uphus, P.H.:
         Personalbedarfsplanung.
         In: Handwörterbuch des Personalwesens (Hrsg, Gaugler, E.).
         Stuttgart: Poeschel Verlag (1975).

/60/     Hackstein, R.:
         Produktionsplanung und -steuerung (PPS).
         Düsseldorf: VDI-Verlag GmbH (1989).

/61/     Hagen, G.,W.:
         Arbeitsstudien und Stellenbesetzungsplanung.
         Methode des rationellen Arbeitskräfteeinsatzes.
         In: REFA-Nachrichten, Heft 3 (1966).

/62/     Hentschel, B.:
         Vorrangige Rechtsvorschriften bei Personalinformations-
         und Abrechnungssystemen.
         Köln, Datenkontext Verlag (1986).

/63/     Hentze, J.:
         Personalwirtschaftslehre1, 4.Auflage.
         Stuttgart: Paul Haupt Verlag (1989).

/64/     Hitchcook, F.L.:
         The Distribution of a Product from Several Sources
         of Numerous Localities.
         In: Journal of Mathematics and Physics, 2.Jg. (1941).

/65/     Jarr, K.:
         Stochastische Personalplanung.
         Ansätze zur Planung des betrieblichen Reservepersonals.
         Wiesbaden: Gabler Verlag (1978).

/66/     Jobs, F.:
         Mitbestimmung des Betriebrates bei Personalinformationssystemen.
         In: Personalinformationssystemen in Recht und Praxis.
         Stuttgart: Poeschel Verlag (1984).

/67/     Jordt, A.:
         Grundlagen der Personalbemessung.
         In: Zeitschhrift für Organisation (1959).

/68/     Kappel, H.:
         Organisieren, Führen, Entlöhnen mit modernen Instrumenten.
         Zürich: Verlag Industrielle Organisation (1990).

/69/     Kern, W.:
         Industrielle Produktionswirtschaft, 5. Auflage.
         Stuttgart: Poeschel Verlag (1992).

/70/     Klein, A.:
         Verbreitung und Entwicklungstendenzen neuer Arbeitszeitmodelle
         in ausgewählten Branchen der baden-württembergischen Wirtschaft.
         Stuttgart: IAO-FhG, 1992.

/71/     Klingelhöfer, L.:
         Personaleinsatzplanung durch ein computergestütztes Informationssy-
         stem.
         Frankfurt/Main: Harri Deutsch Verlag, (1975).

/72/     Knauth, P.:
         Innovative Arbeitszeitmodelle.
         In: Personal (12/1992).

/73/     Koch, G.,A.:
         Personalwesen und Personalplanung - ein Beitrag zur Definition.
         In: Arbeit und Leistung, 27 Jg., Heft 10 (1973).

/74/       Kossbiel, H.:
          Personalbereitstellung und Personalführung.
          Allgemeine Betriebswirtschaftslehre - Handbuch für Studium
          und Prüfung, 4 Auflage.
          Wiesbaden: Gabler Verlag (1990).

/75/       Kossbiel, H.:
          Personalwirtschaft.
          Allgemeine Betriebswirtschaftslehre - Band 3 Leistungserstellungs-
          prozess, 3. Auflage.
          Stuttgart: UTB Fischer Verlag (1988).

/76/       Kübel, R.:
          Ressource Mensch, Erfolg durch Individualität.
          München: C.H. Beck`sche Verlagsbuchhandlung (1990)

/77/       Kubsch, P.U.; Marr, R.:
          Aufgaben der Personalwirtschaft.
          In: Heinen, E., Industriebetriebslehre, 8. Auflage.
          Wiesbaden: Gabler Verlag (1983)

/78/       Kuhn, H.W.:
          The Hungrian Method for the Assigment Problem.
          In: Naval Research Logistics Quarterly, Vol. 2 (1955).

/79/       Kühnle, H.:
          Produktionsmengen- und Terminplanung bei mehrstufiger Linienferti-
          gung.
          Stuttgart: Universität, Dissertation (1987)

/80/       Kühnle, H.:
          Wie ist flexibler Personaleinsatz bei "JIT-Produktion" möglich?
          in: Die neue Produktionslogistik.
          Zürich: Verlag Industrielle Produktion (1992).

/81/       Kühnle, H.:
          Wege zur "Fraktalen Fabrik".
          in: io-Management-Zeitschrift (63/1993).

/82/       Kurbel, K.:
          Produktionsplanung und -steuerung:
          Methoden, Grundlagen von PPS.
          München: Oldenburg Verlag (1993).

/83/       Kurz, J.:
          Ein Verfahren zur kostenorientierten Produktionsprogramm- und Ka-
          pazitätsplanung bei losweiser Montage.
          Stuttgart: Universität, Dissertation (1994).

/84/      Levulis, R.J.:
          Technology accessment of finite capacity scheduling and
          simultions systems.
          Manufacturing Technology Information Analysis Center (MTIAC).
          Chicago: Report-Nr. TA-85-04, Dept. of Def. (1985).

/85/      Marx, A.:
          Die Personalplanung in der modernen Wettbewerbswirtschaft.
          Baden-Baden: Verlag für Unternehmensführung (1963).

/86/      Meiritz, W.:
          Eignungsorientierte Personaleinsatzplanung.
          Frankfurt/Main u.a.: Peter Lang Verlag (1984).

/87/      Mensch, G.:
          Personaleinsatzplanung
          In: Handwörterbuch des öffentlichen Dienst.
          Berlin: Bierfelder (1976).

/88/      Metzger, H.:
          Planung und Bewertung von Arbeitssystemen in der Montage.
          Stuttgart: Universität, Dissertation (1977).

/89/      Morlock, M.:
          Operation Research.
          München: Carl Hanser Verlag (1993).

/90/      Moser, G.:
          Individual-Assignment im Rahmen eines Personal-Informations-
          Entscheidungssystems: Untersuchung ausgewählter Modelle.
          Linz: Universität, Dissertation (1978).

/91/      Muche, G.:
          Ansätze zur Personalverwendungsplanung unter besonderer
          Berücksichtigung des Aspekt der Personalflexibilität.
          Hamburg: Universität, Dissertation (1988).

/92/      Müller-Merbach, H.:
          Operations Research, 3. Auflage.
          München: Verlag Vahlen (1979).

/93/      Ontra, K.:
          Der Mensch ist entscheidend.
          In: Werkstatt und Betrieb, Heft 8 (1992).

/94/        Orlicky, J.:
            Material Requirments Planning.
            New York: McGraw-Hill Book Company (1975).

/95/        Patzak, G.:
            Systemtechnik - Planung komplexer innovativer Systeme.
            Grundlagen, Methoden, Techniken.
            Berlin u.a.: Springer-Verlag (1982).

/96/        Polzer, H.:
            Personalplanung mit unscharfen LP-Ansätzen auf der Grundlage
            der Fuzzy-Set-Theorie.
            Regensburg: Universität Dissertation (1981).

/97/        Potthoff, K.,P.:
            Die Ermittlung des Personalbedarfs.
            In: Der Betrieb, Heft 31 (1970).

/98/        PRISMA (Hrsg.):
            Flexible Steuerungsinstrumente für den Personaleinsatz.
            Diessen: Industrie Kommunikation (1993).

/99/        REFA (Hrsg.):
            Methodenlehre der Planung und Steuerung.
            München: Carl Hanser-Verlag (1985).

/100/       Remer, A.:
            Personalmanagement: Mitarbeiterorientierte Organisation und
            Führung von Unternehmungen.
            Berlin, New York: de Gruyter Verlag (1978).

/101/       RKW (Hrsg.):
            Handbuch der Personalplanung, 2 Auflage.
            Frankfurt/Main: Luchterhand Verlag (1990).

/102/       Reich, R.B.:
            Die neue Weltwirtschaft.
            Frankfurt/Main: Ulstein Verlag (1993).

/103/       Rosenkranz, R.:
            Personalbedarfsrechnung in Bürobetrieben.
            In: Das rationelle Büro (1968).

/104/       Scholz, C.:
            Personalmanagement: informationsorientierte und verhaltens-
            orientiert Grundlagen.
            München: Verlag Franz Vahlen (1989).

/105/      Scholz, C.:
          Personalcontrolling und Unternehmenskultur als widersprüchliche Füh-
          rungsinstrumente?
          In: Visionäres Personalmanagement.
          Stuttgart: Poeschel Verlag (1992).

/106/      Schomberg, E.:
          Entwicklung eines betriebstypologischen Instrumentarium zur
          systematischen Ermittlung der Anforderungen an ein EDV-gestütztes
          Produktionsplanungs- und -steuerungssystem im Maschinenbau.
          Aachen: Technische Hochschule, Dissertation (1980).

/107/      Schönefeld, H.-M.:
          Personalplanung ein vernachlässigbarer Teil der betrieblichen
          Planung.
          In: Zeitschrift für Betriebswirtschaft, 33 Jg. (1963).

/108/      Schrick, G.:
          Produktionsplanung- und Steuerungssysteme (PPS-Systeme) aus ar-
          beitswissenschaftlicher Sicht.
          Entwicklungen, Erfahrungen, Gestaltungsanforderungen.
          Arbeitswissenschaftliche Reihe Band 2.
          Kassel: Verlag GhK (1990).

/109/      Schwab K.D.:
          Ein auf dem Konzept der unscharfen Mengen basierendes
          Entscheidungsmodell bei mehrfacher Zielsetzung.
          Aachen: RWTH, Dissertation (1983).

/110/      Schweitzer M.:
          Planung und Kontrolle.
          Allgemeine Betriebswirtschaftlehre, Band 3 Leistungsprozeß,
          4.Auflage.
          Stuttgart: UTB Fischer Verlag (1990).

/111/      Taha, H.:
          Integer Programming, Theory, Applications and Computations.
          New York: Academic Press (1976).

/112/      Thome, R.:
          Wirtschaftliche Informationsverarbeitung.
          München: Verlag Franz Vahlen (1990).

/113/      Tikart, J.:
          Leistungsprozeß - Corporate Identity und Unternehmenskultur
          im globalen Wettbewerb: Überlegungen und Notwendigkeiten.
          In: 24. IPA-Arbeitstagung ; Industriearbeit heute - Weg zur
          Fraktalen Fabrik.
          Stuttgart: IPA-FhG, 1993.

/114/      Töpfer, A.:
          Personalkennziffern und -statistik.
          In: Handbuch des Personalwesen, 2. Auflage.
          Stuttgart: Poeschel Verlag (1992).

/115/      Vähning, H.:
          Flexibilität von personalintensiven Montagesystemen bei Serienferti-
          gung.
          Stuttgart: Universität, Dissertation (1985).

/116/      Vatterroth, H.;C.:
          PPS und computergestützte Personalarbeit.
          Integrationsmöglichkeiten der Produktionsplanungs- und -steuerungs-
          Arbeitszeiterfassungs- und Personalinformationssystemen.
          Köln: Universität, Dissertation (1993).

/117/      Wagner, H.; Sauer, M.:
          Personalinformationssysteme.
          In: Handbuch des Personalwesen, 2. Auflage.
          Stuttgart: Poeschel Verlag (1992).

/118/      Warnecke, H.-J.:
          Die Fraktale Fabrik.
          Eine Revolution der Unternehmenskultur.
          Berlin u.a.: Springer-Verlag (1992).

/119/      Warnecke, H.-J.:
          Der Produktionsbetrieb 2,
          Produktion, Produktionssicherung.
          Berlin u.a.: Springer-Verlag (1992).

/120/      Warnecke, H.-J.:
          Der Produktionsbetrieb 3,
          Betriebswirtschaft, Vertrieb, Recycling.
          Berlin u.a.: Springer-Verlag (1992).

/121/      Warnecke, H.-J.; Braun, H.-J.:
          Organisationsstrukturen im Wandel - die Fraktale Fabrik.
          In: Technik Trendbuch 93.
          Frankfurt/Main: moderne industrie Verlag (1993).

/122/    Wechsler, W.:
        Delphi-Methode.
        Gestaltung und Potential für betriebliche Prognoseprozesse.
        München: Carl Hanser Verlag (1978).

/123/    Wentze, G.:
        Personalführung und -entwicklung - eine Kernaufgabe des Produkti-
        onsmanagements.
        In: VDI (ADB), Produktionsmangement (1991).

/124/    Wildemann, H.:
        Die modulare Fabrik, Kundennahe Produktion durch Fertigungsseg-
        mentierung.
        St Gallen: gfmt Verlag (1988)

/125/    Wildemann,H.:
        Arbeitszeitmanagement, Einführung und Bewertung
        flexibler Arbeits- und Betriebszeiten.
        St Gallen: gfmt Verlag (1992).

/126/    Wöhe, G.:
        Einführung in die allgemeine Betriebswirtschaftslehre.
        München: Verlag Franz Vahlen (1990).

/127/    Womack, J.P.; Jones, D. T.; Roos, D.:
        The machine that changed the world.
        New York: Rawson Associates (1990).

/128/    Zäpfel, G.:
        Strategisches Produktionsmanagement.
        Berlin u.a.: de Gruyter (1989).

/129/    Zäpfel, G.:
        Taktisches Produktionsmanagement.
        Berlin u.a.: de Gruyter (1989).

/130/    Zibell, R.M.:
        Just-in-time: Philosophien, Grundlagen, Wirtschaftlichkeit.
        München: Hussverlag (1992).

/131/    Zimmermann, H.J.:
        Optimale Entscheidungen bei unscharfer Problembeschreibung.
        In: Zeitschrift für Betriebswirtschaftliche Forschung, 27, (1975).

/132/    Zimmermann, A.:
        Evolutionsstrategische Modelle bei einstufiger, losweiser Produktion.
        Frankfurt/Main: Verlag Peter Lang (1985).

/133/    Zimmermann, H.-J.:
        Methoden und Modelle des Operation Research.
        Braunschweig: Viehweg Verlag (1992).

/134/    Zülch,G.:
        Entwicklung eines lexikographischen Zuordnungsmodells zur
        qualitativen Personaleinsatzplanung auf der Basis gemischt skalierter
        Anforderungs- und Fähigkeitsmerkmale.
        Aachen: Technische Hochschule, Dissertation (1979).

# 11.    Anhang

## 11.1    Lösungsverfahren der Optimierungsfunktion

Die Umsetzung des Lösungsverfahrens der Optimierungsfunktion erfolgt mit dem Standardsoftwareprogramm "XPRESS-MP"[120] . Dieses Programm besteht aus einem Modellierungsmodul (MP-Model) mit dessen Hilfe das Optimierungsproblem modelliert werden kann und einem Optimierungsmodul (MP-OPT) zur Lösung des Optimierungsproblems.

Das Modellierungsmodul verfügt über eine Modellierungssprache, die es erlaubt das Optimierungsproblem in der in Kapitel 6 dargestellten Summenschreibweise zu formulieren und generiert daraus die zur Anwendung des Simplexalgorithmus notwendigen Darstellungsform:

$$\underline{c}^{T} * \underline{x} \;\rightarrow\; \max$$

$$A * \underline{x} \;\leq\; \underline{b}$$

Der Vektor $\underline{c}^{T}$ ist dabei der Zielfunktionskoeffizientenvektor. Der Vektor $\underline{x}$ ist der Problemvariablenvektor in dem für die hier betrachtete Problemstellung die Optimierungsvariablen $\tau$ und $PE_{i,j,t}$ abgebildet werden. Es gilt:

$$\underline{c}^{T} = \{1,\; 0,\; 0,\; ...,\; 0,\; 0\}$$

$$\underline{x} = \begin{Bmatrix} \tau \\ PE_{1,1,1} \\ PE_{2,1,1} \\ ... \\ PE_{5,2,5} \\ PE_{6,2,5} \end{Bmatrix}$$

---

[120] "XPRESS-MP" ist ein von der Firma "Dash Associates Limited" entwickeltes Programmpaket für lineare Programmierungsprobleme

Die Matrix A stellt die Koeffizientenmatrix dar, in der die Koeffizienten des hier betrachteten dreidimensionalen Optimierungsproblem (Laufvariablen i,j,t) in eine zweidimensionale Matrix abgebildet werden. Es gilt:

$$
A = \begin{Bmatrix}
mapkb_{1,1} & -az_{1,1} \cdot anw_{1,1} & -az_{2,1} \cdot anw_{2,1} & 0 & 0 \\
mapkb_{1,1} & 0 & 0 & 0 & 0 \\
\\
maes_5 & 0 & 0 & -sapg_{5,2} \cdot anw_{5,5} & -sapg_{6,2} \cdot anw_{6,5} \\
0 & 1 & 0 & 0 & 0 \\
\\
-1 & 0 & 0 & 0 & 0 \\
1 & 0 & 0 & 0 & 0
\end{Bmatrix}
$$

Der Vektor $\underline{b}$ (right handed side vektor) enthält die Zielfunktionswerte bzw. die Beschränkungsgrößen als Input für das Optimierungsproblem. Es gilt:

$$
\underline{b} = \begin{Bmatrix}
-pkb_{1,1} + mapkb_{1,1} \\
-pkb_{1,2} + mapkb_{1,2} \\
\\
-sa_5 + masa_5 \\
1 \\
\\
0 \\
1
\end{Bmatrix}
$$

Der Lösungsalgorithmus des Optimierungsprogramms basiert auf einer erweiterten Simplexmethode, die geforderte Ganzzahligkeit der Lösung wird durch einen sich anschließenden Branch and Bound-Algorithmus sichergestellt. Im Lösungsmodell der Optimierungsfunktion sind Zielfunktionen mit Maximierungs- und Minimierungsbedingungen dargestellt. Zur Anwendung des Simplexmethode sind diese Zielfunktionen in eine einheitliche Form zu bringen. Dazu müssen alle Gleichungen der unscharfen Zielfunktionen und scharfen Nebenbedingungen in eine Minimierungsbedingung der folgenden Form umformuliert werden:

$$
a_{i,1} \cdot \tau + a_{i,2} \cdot PE_{1,1,1} + a_{i,3} \cdot PE_{2,1,1} + \dots + a_{i,60} \cdot PE_{5,2,5} + a_{i,61} \cdot PE_{6,2,5} \leq b_i
$$

## Datenbasis des Anwendungsbeispiels

Die Anwendung der Optimierungsfunktion soll anhand eines Produktionssystems dargestellt werden, das sich aus 5 Mitarbeitern $(an_i)$[121], 5 Planungszeitabschnitten $(pza_t)$, 2 Arbeitsplatzgruppen $(apg_j)$ mit jeweils zwei Arbeitsplatzlinien $(apl_{lj})$ zusammensetzt. Die oben vorgestellten Vektoren und Matrizen erhalten damit im vorliegenden Anwendungsbeispiel folgende Dimensionen:

| | | |
|---|---|---|
| $\underline{x}$ | $(61 \times 1)$ | Vektor |
| $\underline{c}^{T}$ | $(1 \times 61)$ | Vektor |
| $A$ | $(115 \times 61)$ | Matrix |
| $\underline{b}$ | $(61 \times 1)$ | Vektor |

Die aktuelle Bedarfssituation des oben beschriebenen Produktionssystems wird durch die Personalkapazitätsbedarfe $pkb_{j,t}$ in der Personalbedarfsmatrix (Tabelle 1) beschrieben.

| | $apg_1$ | $apg_2$ |
|---|---|---|
| $pza_1$ | 11 | 18 |
| $pza_2$ | 20 | 11 |
| $pza_3$ | 19 | 15 |
| $pza_4$ | 15 | 19 |
| $pza_5$ | 12 | 12 |

Tabelle 1: Personalbedarfsmatrix

Das verfügbare Personalangebot wird durch die Anwesenheitsmatrix (Tabelle 2), die Arbeitszeitenmatrix (Tabelle 3), die Gesamtarbeitszeitenmatrix (Tabelle 4), die Eignungskoeffizientenmatrix (Tabelle 5) und die Stammarbeitsplatzgruppenmatrix (Tabelle 6) beschrieben.

---

[121] Die Variablen des Optimierungsproblems werden hier im Gegensatz zu den in Kapitel 6 definierten Variablen in Kleinschreibung verwendet. Die Grund dafur ist, daß die Eingabefunktion des Softwaremodul MP-Model nur Kleinschreibung zuläßt

|  | $an_1$ | $an_2$ | $an_3$ | $an_4$ | $an_5$ | $an_6$ |
|---|---|---|---|---|---|---|
| $pza_1$ | 0 | 1 | 1 | 1 | 1 | 1 |
| $pza_2$ | 1 | 0 | 1 | 1 | 1 | 1 |
| $pza_3$ | 1 | 1 | 1 | 1 | 1 | 0 |
| $pza_4$ | 1 | 1 | 1 | 1 | 0 | 1 |
| $pza_5$ | 1 | 1 | 0 | 0 | 1 | 1 |

Tabelle 2: Anwesenheitsmatrix

|  | $an_1$ | $an_2$ | $an_3$ | $an_4$ | $an_5$ | $an_6$ |
|---|---|---|---|---|---|---|
| $pza_1$ | 8 | 8 | 7 | 7 | 4 | 4 |
| $pza_2$ | 8 | 8 | 7 | 7 | 4 | 4 |
| $pza_3$ | 7 | 7 | 8 | 8 | 4 | 5 |
| $pza_4$ | 7 | 7 | 8 | 8 | 5 | 4 |
| $pza_5$ | 8 | 8 | 8 | 8 | 4 | 4 |

Tabelle 3: Arbeitszeitenmatrix

|  | $an_1$ | $an_2$ | $an_3$ | $an_4$ | $an_5$ | $an_6$ |
|---|---|---|---|---|---|---|
| $pz_1$ | 29 | 31 | 30 | 30 | 16 | 16 |

Tabelle 4: Gesamtlarbeitszeitenmatrix

|  | $an_1$ | $an_2$ | $an_3$ | $an_4$ | $an_5$ | $an_6$ |
|---|---|---|---|---|---|---|
| $apg_1$ | 100 | 90 | 100 | 80 | 100 | 70 |
| $apg_2$ | 90 | 100 | 80 | 100 | 70 | 100 |

Tabelle 5: Eignungskoeffizientenmatrix

|  | $an_1$ | $an_2$ | $an_3$ | $an_4$ | $an_5$ | $an_6$ |
|---|---|---|---|---|---|---|
| $apg_1$ | 1 | 0 | 1 | 0 | 1 | 0 |
| $apg_2$ | 0 | 1 | 0 | 1 | 0 | 1 |

Tabelle 6: Stammarbeitsplatzgruppenmatrix

Zur Beschreibung des Unschärfeintervalls der Zielfunktion Bedarfsdeckung wird der maximal zulässige Abweichungswert $ma_{pkbj,t} = 3$ für alle j und alle t vorgegeben. Das Unschärfeintervall der Zielfunktion Personalangebotsauslastung wird durch die in Tabelle 7 angegebenen maximal zulässigen Abweichungswerte $ma_{pzi}$ definiert. Als Zielfunktionswert für die Eignungsgraddeckung wird für alle Planungszeitabschnitte ein Eignungsgrad $es_t = 80\%$ und ein maximal zulässiger Abweichungswert $ma_{es,t} = 20\%$ definiert. Als Zielfunktionswert für den Stammgruppeneinsatz wird für jeden Planungszeitabschnitt ein Stammgruppeneinsatzgrad $sa_t = 80\%$ (d.h 4 Mitarbeitern mit Stammgruppeneinsatz) gefordert. Als maximal zulässiger Abweichungswert wird $ma_{sa,t} = 40\%$ (d.h mindesten 2 Mitarbeitern mit Stammgruppeneinsatz) zugelassen.

|  | $an_1$ | $an_2$ | $an_3$ | $an_4$ | $an_5$ | $an_6$ |
|---|---|---|---|---|---|---|
| $mapz_t$ | 5 | 5 | 5 | 5 | 3 | 3 |

Tabelle 7: Maximal zulässige Abweichungswerte Personalangebotsauslastung


## Programmcode des unscharfen Lösungsmodell

```
'linear unscharfes Loesungsmodell der Optimierungsfunktion
model optimierungsfunktion


let an  = 6        'Anzahl der einzuplanenden Arbeitnehmer
let apg = 2        'Anzahl der zu besetzenden Arbeitsplatzgruppen
let pza = 5        'Anzahl der Planungszeitabschnitte


'definiert die verwendeten Koeffizienten
tables
        az(an,pza)        'Arbeitszeit
        anw(an,pza)       'Anwesendheit
        e(an,apg)         'Eignung
        sapg(an,apg)      'Stammarbeitsplatzgruppe
        pkb(apg,pza)      'Personalkapazitaetsbedarf
        mapkb(apg,pza     'Maximale Abweichnung von pkb
        pz(an)            'Personalzeit
        mapz(an)          'Maximale Abweichung von pz
```

```
        es(pza)                 !Eignungsgrad
        maes(pza)               'Maximale Abweichung von es
        sa(pza)                 !Stammarbeitsplatzgruppenzuordnungen
        masa(pza)               'Maximale Abweichnug von sa
        aapl(apg)               'Anzahl der zu belegenden Arbeitsplaetze


!die Daten werden aus dem  Foxpro "daten" eingelesen.
connect 3=foxpro
diskdata -c3
        az =            daten(arbeitszeit)
        anw =           daten(anwesendheit)
        e =             daten(eignung)
        sapg =          daten(stammarbeitsplatzgruppe)
        pkb =           daten(Personalkapazitatsbedarf)
        mapkb =         daten(max_Abweichung_pkb)
        pz =            daten(Personalzeit)
        mapz =          daten(max_Abweichung_pz)
        es =            daten(eignungsgrad)
        maes =          daten(max_Abweichung_es)
        sa =            daten(stammarbeitsplatzzuordnungen)
        masa =          daten(max_Abweichung_sa)
        aapl =          daten(zu_belegenden_Arbeitsplaetze)
disconnect


'Berechnung der Anzahl der anwesenden Mitarbeiter = maximal moegliche Anzahl
'der Zuordnungen
assign
ananw(t=1:pza) = sum (i=1:an|anw(i,t)==1) 1


' Zu optimierende Variablen = Problemvektor x


variables
tau                     !0 <= tau <= 1
pe(an,apg,pza)          'pe   = 1 wenn an auf apg im pza eingeplant wird
                        '      = 0 sonst
```

```
!Formulierung der Zielfunktion und der Nebenbedingungen

constraints        !Die Zeichen < und > bedeuten "kleiner gleich" und
                   !"groesser gleich"


!Zielfunktion
max:
        tau $          !Zielfunktion


!unscharfe Nebenbedigungen
!1. Ungleichungspaar. Erfuellung des geforderten Personalkapazitaetsbedarfs
pkb1zgf(j=1:apg,t=1:pza):                                                   &
        ((-1) * mapkb(j,t)) * tau + sum(i=1.an)(az(i,t) * anw(i,t)) *       &
        pe(i,j,t) > pkb(j,t) - mapkb(j,t)


pkb2zgf(j=1:apg,t=1:pza):                                                   &
        mapkb(j,t) * tau + sum(i=1.an)(az(i,t) * anw(i,t)) * pe(i,j,t) <    &
        pkb(j,t) + mapkb(j,t)


!2. Ungleichungspaar: Erfuellung der geforderten Personalarbeitszeit
pz1zgf(i=1:an):                                                            &
        ((-1) * mapz(i)) * tau + sum(j=1:apg,t=1:pza) (az(i,t) * anw(i,t)) *  &
        pe(i,j,t) > pz(i) - mapz(i)


pz2zgf(i=1:an).                                                            &
        mapz(i) * tau + sum(j=1:apg,t=1:pza) (az(i,t) * anw(i,t)) *        &
        pe(i,j,t) < pz(i) + mapz(i)


!3. Ungleichung. Erfuellung des geforderten Eignungswertes
eigszgf(t=1:pza):                                                         &
        ((-1) * maes(t)) * tau + sum(i=1.an,j=1 apg) ((e(i,j) * anw(i,t)) /  &
        ananw(t)) * pe(i,j,t) > es(t) - maes(t)


!4. Ungleichung  Erfuellung der geforderten Stammarbeitsplatzzuordnungen
sapgzgf(t=1:pza)                                          &
        ((-1) * masa(t)) * tau + sum(i=1 an,j=1:apg) (sapg(i,j) * anw(i,t)) *  &
        pe(i,j,t) > sa(t) - masa(t)
```

'Scharfe Nebenbedingungen


!5 .Gleichung: Stellt sicher, dass ein an nur einmal je pza eingeplant wird,
aber !nur wenn er anwesend ist. (anw(i,t) <> 0)
an1nb(i=1:an,t=1:pza|anw(i,t)==1):                                    &
      sum(j=1:apg) pe(i,j,t) < 1


an2nb(i=1:an,t=1:pza|anw(i,t)==0):                                    &
      sum(j=1:apg) pe(i,j,t) = 0


'6. Gleichung: Stellt sicher, dass ein An nur auf einer Apg eingeplant wird,
!wenn eig(i,j) >= 0 ist. Aus programmtechnischen Grunden muß die Bedingung
!folgendermaßen lauten: (mit 10% <= e(i,j) <= 100%)
eignb(i=1:an,t=1:pza):                                               &
      sum(j=1:apg) (e(i,j) - 10) * pe(i,j,t) > 0


'7.Gleichnung: Stellt sicher, dass die geforderte Anzahl von Arbeitsplaetzen
!einer apg mindestens belegt wird, aber nur wenn sie nachgefragt wird.
(pkb(j,t) '<> 0)
aapl1nb(j=1:apg,t=1:pza|pkb(j,t)<>0)                                  &
      sum(i=1:an) anw(i,t) * pe(i,j,t) > aapl(j)


aapl2nb(j=1:apg,t=1:pza|pkb(j,t)==0)                                  &
      sum(i=1:an) anw(i,t) * pe(i,j,t) > 0


'8.Gleichung: Begrenzt tau zwischen null und eins
tauo:                                                                &
      tau < 1
tauu:                                                                &
      tau > 0


!Definiert pe(i,j,t) als Binaer-Variable


bounds
pe(i=1:an,j=1:apg,t=1:pza).BV.
generate

Nach der Generierung der Koeffizientenmatrix und der Vektoren wird folgende
Zusammenfassung angezeigt:

```
Generating matrix optimierungsfunktion


    115 rows

    61 structural columns

    477 matrix elements

    77 rhs elements

    0 general integer variables

    60 binary variables

    0 semi-continuous variables

    0 partial integer variables

    0 special ordered sets

    0 directives
density is     6.799715  percent
```

Daraus läßt sich folgendes ablesen:

$A$     Die Koeffizientenmatrix hat 115 Zeilen und 61 Spalten. Davon sind
477 Elemente mit Werten ungleich Null besetzt, was einer "Dichte"
von 6,79% entspricht.

$\underline{b}$     Von den 115 Zeilen des "Right-handed-side-Vektors (RHS)" sind 77
Elemente mit Werten ungleich Null besetzt.

$\underline{x}$     Von den 61 Elementen des Variablen Vektors sind 60 Elemente
Binärvariablen

## Lösungverfahren mit dem Simplexalgorithmus

Die Lösung des Problems erfolgt mit dem Softwaremodul MP-OPT. Nach der Abarbeitung des Simplex-Algorithmus werden die Binärbedingungen noch nicht erfüllt.

```
Problem Statistics

Matrix optimierungsfunktion

Objective max

RHS RHS00001

Problem has      115 rows and       61 structural columns

Solution Statistics

Maximisation performed

Optimal solution found after      86 iterations

Objective function value is      .833333
```

Daraus lassen sich folgende Fakten ablesen:

- Die Koeffizientenmatrix "Optimierungsfunktion" hat die Dimension (111 x 61)
- Die Zielfunktion wurde erfolgreich maximiert
- Die Lösung wurde nach 86 Iterationsschritten gefunden
- Der Optimalwert der Zielfunktion ist 0.8333

Nachfolgend werden in Tabelle 8 die einzelnen Reihen (Zielfunktion und Nebenbedingungen) und Spalten aufgeführt. In der "Rows Section" gelten folgende Bezeichnungen:

- N  row ist Zielfunktion
   - G  row ist "Größer-Gleich-Nebenbedingung"
   - L  row ist "Kleiner-Gleich-Nebenbedingung"
   - E  row ist "Geichungs-Nebenbedingung"
- Number:  Gleichungsnummer
- Row:  Gleichungsname
- At:  Gibt an, ob die "Row" eine Lösung des Simplexalgorithmus ist
   - BS  Basic
   - LL  Non basic at lower bound
   - UL  Non basic at upper bound
   - EQ  equality row

- ☐ Value:          Zahlenwert der "row"
- ☐ Slack Value:    Differenz von "Value" zu "RHS"
- ☐ Dual Value:     Zahlenwert der "row" in der Dualenlösung
- ☐ RHS:            RHS-Zahlenwert der "row"

```
Rows Section
    Number      Row       At      Value       Slack Value    Dual Value       RHS
N      1      max         BS       .833333      -.833333       .000000       .000000
G      2      pkb10101    BS      9.000000      1.000000       .000000      8.000000
G      3      pkb10102    LL     17.000000       .000000      -.166667     17.000000
G      4      pkb10103    LL     16.000000       .000000       .000000     16.000000
G      5      pkb10104    BS     12.000000       .000000       .000000     12.000000
G      6      pkb10105    LL      9.000000       .000000       .000000      9.000000
G      7      pkb10201    BS     16.000000      1.000000       .000000     15.000000
G      8      pkb10202    LL      8.000000       .000000      -.166667      8.000000
G      9      pkb10203    BS     13.000000      1.000000       .000000     12.000000
G     10      pkb10204    BS     17 000000      1.000000       .000000     16.000000
G     11      pkb10205    BS     10 000000      1.000000       .000000      9.000000
       ....
L     44      an1n0102    UL      1.000000       .000000      1.333333      1.000000
L     45      an1n0103    UL      1.000000       .000000       .000000      1.000000
L     46      an1n0104    UL      1.000000       .000000       .000000      1.000000
L     47      an1n0105    UL      1.000000       .000000       .000000      1.000000
       ...
E     68      an2n0101    EQ       .000000       .000000       .000000       .000000
E     69      an2n0202    EQ       .000000       .000000       .000000       .000000
E     70      an2n0305    EQ       000000        .000000       .000000       .000000
E     71      an2n0405    EQ       .000000       .000000       .000000       .000000
E     72      an2n0504    EQ       .000000       .000000       .000000       .000000
E     73      an2n0603    EQ       .000000       .000000       .000000       .000000
       .....
G    109      aap10201    BS      3.000000      1.000000       .000000      2.000000
G    110      aap10202    BS      2.272727       .272727       .000000      2.000000
G    111      aap10203    BS      2.527778       .527778       .000000      2.000000
G    112      aap10204    BS      2.727273       .727273       .000000      2.000000
G    113      aap10205    LL      2 000000        .000000       .000000      2.000000
L    114      tauo        BS       .833333       .166667       .000000      1.000000
G    115      tauu        BS       .833333       .833333       .000000       .000000
Columns Section
    Number     Column     At      Value       Input Cost    Reduced Cost
C    116      tau         BS       .833333      1.000000       .000000
C    117      pe    111   LL       .000000       .000000       .000000
C    118      pe    211   BS       .125000       .000000       .000000
C    119      pe    311   UL      1 000000       .000000       .000000
C    120      pe    411   BS       000000        .000000       .000000
C    121      pe    511   BS       .875000       .000000       .000000
C    122      pe    611   BS       .000000       .000000       .000000
C    123      pe    121   BS       000000        .000000       .000000
C    124      pe    221   BS       .875000       .000000       .000000
       .....
C    169      pe    515   BS       .958333       .000000       .000000
C    170      pe    615   BS       .166667       .000000       .000000
C    171      pe    125   BS       125000        .000000       .000000
C    172      pe    225   UL      1 000000       .000000       .000000
C    173      pe    325   BS       .000000       .000000       .000000
C    174      pe    425   BS       .000000       .000000       000000
C    175      pe    525   BS       .041667       .000000       .000000
C    176      pe    625   BS       833333        .000000       .000000
```

Tabele 8: Rows and Columns Section

Aus der Auflistung der Lösung läßt sich beispielweise folgendes ablesen: Gleichnung 2 hat die Kennzeichnung pkb10101 (pkb1(j=1:t=1)). Sie begrenzt als Basislösung den Lösungsraum des Simplexalgorithmus. Value berechnet sich aus folgender Gleichung:

$$Value = -1 * mapkb_{1,1} * tau + az_{1,1} * anw_{1,1} * PE_{1,1,1} + \dots + az_{6,1} * anw_{6,1} * PE_{6,1,1} +$$
$$0 * PE_{1,2,1} + \dots + 0 * PE_{6,2,5} = 9$$

Slack Value = 1 gibt die Differenz zum RHS-Wert

$$RHS00002 = pkb_{1,1} - mapkb_{1,1} = 8$$

an. Aus Gleichung 118 läßt sich beispielsweise ablesen, daß der Mitarbeiter 2 auf die Arbeitsplatzgruppe 1 im Planungszeitabschnitt 1 mit dem Wert 0.125 eingeplant wird.

Das Gesamtergebnis des Simplexalogithmus ist in Tabelle 9 zusammenfassend dargestellt. Wie die Tabelle zeigt, handelt es sich hierbei noch nicht um eine Lösung, die die Binärbedingungen erfüllt. Die Erfüllung der Binärbedingungen wird durch einen nachgeschalteten Branch and Bound-Algorithmus sichergestellt.

|  | $an_1$ | | $an_2$ | | $an_3$ | | $an_4$ | | $an_5$ | | $an_6$ | |
|  | $apg_1$ | $apg_2$ | $apg_1$ | $apg_2$ | $apg_1$ | $apg_2$ | $apg_1$ | $apg_2$ | $apg_1$ | $apg_2$ | $apg_1$ | $apg_2$ |
|---|---|---|---|---|---|---|---|---|---|---|---|---|
| $pza_1$ | 0.000 | 0.000 | 0.125 | 0.854 | 1.000 | 0.000 | 0.000 | 0.854 | 0.403 | 0.596 | 0.471 | 0.528 |
| $pza_2$ | 1.000 | 0.000 | 0.000 | 0.000 | 1.000 | 0.000 | 0.530 | 0.469 | 0.169 | 0.803 | 0.000 | 1.000 |
| $pza_3$ | 1.000 | 0.000 | 0.000 | 1.000 | 1.000 | 0.000 | 0.444 | 0.555 | 0.111 | 0.763 | 0.000 | 0.000 |
| $pza_4$ | 0.560 | 0.439 | 0.000 | 1.000 | 1.000 | 0.000 | 0.000 | 1.000 | 0.000 | 0.000 | 0.893 | 0.106 |
| $pza_5$ | 0.874 | 0.125 | 0.000 | 1.000 | 0.000 | 0.000 | 0.000 | 0.000 | 0.958 | 0.041 | 0.166 | 0.833 |

Tabelle 9: Gesamtergebnis des Simplexalgorithmus

Vor der Anwendung des Branch and Bound-Algorithmus wird das Lineare Programm (LP) auf folgende drei Fälle untersucht:

1. Das LP ist unlösbar; das Integer Programm (IP) ist ebenfalls unlösbar
2. Das LP ist lösbar und gelöst, aber einige Ganzzahligkeitsbedingungen werden verletzt; das IP muß noch gelöst werden
3. Das LP ist lösbar und gelöst, alle Ganzzahligkeitsbedingungen werden erfüllt; das IP ist ebenfalls gelöst

Wenn Fall 1 oder 3 zutrifft ist das Problem fertig gelöst oder unlösbar. Im Fall 2 wird eine verletzte Ganzzahligkeitsbedingung ausgewählt und das Problem in zwei Teilprobleme aufgeteilt und auf die obigen drei Fälle erneut untersucht. Diese Rekursion wird solange wiederholt bis das Problem gelöst oder unlösbar ist. Durch die Anwendung des Branch and Bound-Algorithmus verschlechtert sich im allgemeinen der Optimalwert der Zielfunktion.

```
Problem Statistics

Matrix opti

Objective max

RHS RHS00001

Problem has     115 rows and      61 structural columns

Solution Statistics

Maximisation performed

Optimal solution found after      1 iterations

Objective function value is      .666667
```

| | $an_1$ | | $an_2$ | | $an_3$ | | $an_4$ | | $an_5$ | | $an_6$ | |
| | $apg_1$ | $apg_2$ | $apg_1$ | $apg_2$ | $apg_1$ | $apg_2$ | $apg_1$ | $apg_2$ | $apg_1$ | $apg_2$ | $apg_1$ | $apg_2$ |
|---|---|---|---|---|---|---|---|---|---|---|---|---|
| $pza_1$ | 0 | 0 | 0 | 1 | 1 | 0 | 0 | 1 | 1 | 0 | 0 | 1 |
| $pza_2$ | 1 | 0 | 0 | 0 | 1 | 0 | 0 | 1 | 1 | 0 | 0 | 1 |
| $pza_3$ | 1 | 0 | 0 | 1 | 1 | 0 | 0 | 1 | 1 | 0 | 0 | 0 |
| $pza_4$ | 1 | 0 | 0 | 1 | 1 | 0 | 0 | 1 | 0 | 0 | 0 | 1 |
| $pza_5$ | 1 | 0 | 0 | 1 | 0 | 0 | 0 | 0 | 1 | 0 | 0 | 1 |

Tabelle 10: Gesamtergebnis der Optimierungsfunktion

## 11.2    Beschreibung des Systemkonzepts

Ausgehend von der Betrachtung, daß ein System sich aus zueinander in Beziehung stehenden Elementen zusammensetzt, kann die Integration eines neuen Systembausteins in ein bestehndes System sowohl durch ein koordinierendes Zusammenfügen der beiden Teilysteme zu einem neuen Gesamtsystem als auch durch ein gezieltes Einfügen des neuen Systembausteins in das bestehende System erfolgen. Während das Einfügen als eine vollständige Systemintegration bezeichnet werden kann, entspricht der Zusammenschluß einer Integration, bei der zwei zuvor getrennte Teilsysteme über eine Schnittstelle miteinander gekoppelt werden.

Damit ergeben sich zwei grundsätzliche Möglichkeiten zur Integration des Planungsverfahrens der Personalkapazitätsanpassung in den Planungsprozeß der Produktionsplanung und -steuerung. Erstens kann die Planungsfunktionalität direkt ins PPS-System implementiert werden. Gemäß den Integrationsprinzipien wird bei dieser Vorgehensweise der maximale Grad der Integration erreicht. Dennoch erweist sich dieses Integrationskonzept aus Anwendersicht aufwendig und unflexibel[122]. Bei der zweiten Integrationsalternative besteht die Möglichkeit das PPS-System über eine genormte Schnittstelle flexibel mit der gewünschten Planungsfunktionalität zu unterstützen. Im vorliegenden Anwendungsfall fiel die Entscheidung daher auf die zweite Integrationsalternative. Wie das Integrationskozept im einzelnen gestaltet wurde, soll im folgenden näher erläutert werden.

Wie bereits in Kapitel 2.4 beschrieben setzt sich der strukturelle Aufbau eines Personalinformationssystems aus den vier Komponenten Arbeitsplatzdatenbank, Personaldatenbank, Methodenbank und Anlagenkonfiguration zusammen. Gemäß dem Integrationskonzept wurde im vorliegenden Anwendungsfall die Anlagenkonfiguration durch Stand-alone-Systeme realisiert, die über ein Netzwerk miteinander kommunizieren (vgl Bild 11.2-1). Das Gesamtsystem zur Produktionsplanung und -steuerung setzt sich danach aus den drei Teilsystemen PPS-

---

[122] Die meisten Unternehmen haben bereits ein PPS-System im Einsatz. Die nachträgliche Implementierung von Zusatzfunktionalitat wie beispielsweise die Funktionen zur Personalkapazitätsplanung sind in der Regel aufwendig und damit kostenintensiv. Zudem zeigt sich aus Kosten- und Zeitgründen deutlich ein Trend weg von firmenspezifischer Individualsoftware hin zum Einsatz von Standard-Software-Systemen, die im Bedarfsfall durch Spezialsysteme ergänzt werden

System, Personaleinsatzplanungssystem ("PEPSY") und einem System zur Erfassung der Betriebsdaten (BDE) und der Arbeitszeitdaten (AZE)[123] zusammen.

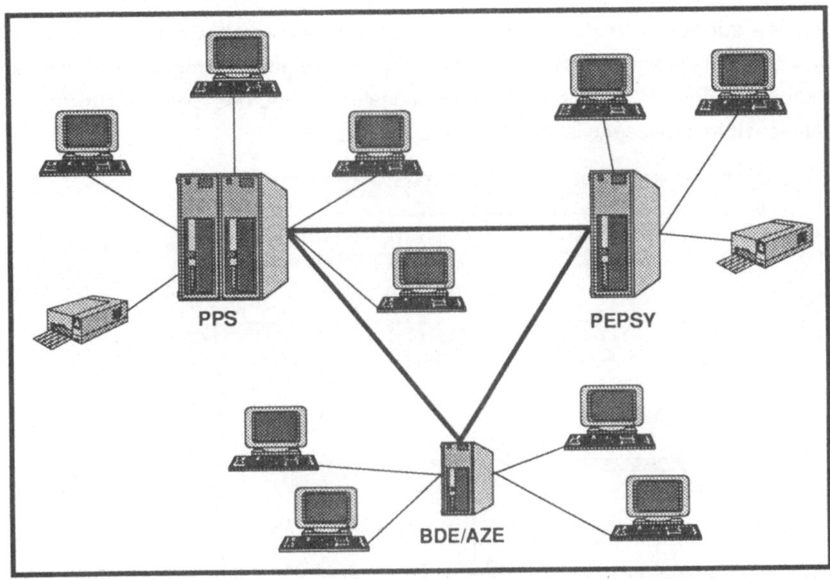


Bild 11.2-1: Anlagenkonfiguration zur Systemintegration

Die praktische Anwendung des Planungsverfahrens erfordert zum einen eine hohe Datenverarbeitungskapazität am Arbeitsplatz, zum anderen sollte eine grafisch-interaktive Benutzeroberfläche realisiert werden, um die Bedienung des Systems zu vereinfachen. Aus diesen Gründen heraus wurde der Systemprototyp "PEPSY" nicht auf einer zentralen Rechenanlage des Unternehmens realisiert, sondern auf der Basis eines Personalcomputers (PC).

Die für die Personalkapazitätsanpassung benötigten Planungsdaten, d.h. die Personal- und Arbeitsplatzdatenbank gemäß dem in Kapitel 6 entwickelten Planungs-

---

[123] Das System zur Betriebs- und Arbeitszeitdatenerfassung stellt in sich wieder ein integriertes Informationssystem dar, das offene Schnittstellen zum PPS-System, zu "PEPSY" und zur Lohn-und Gehaltsabrechnung aufweist und diese Teilsysteme direkt und flexibel mit Daten versorgen kann.

modell, wurden auf der Basis des relationalen Datenbanksystems "Fox Pro"[124] realisiert. Die Anwendungsprogramme (Methodenbank) setzen sich aus Programmmodulen des Softwaresystems "XPRESS-MP", sowie Programmbausteinen, die auf der Basis der Programmiersprache C entwickelt wurden, zusammen. Das Gesamtsystem "PEPSY" ist in der "Fox Pro"-eigenen Programmiersprache compiliert. Einen Überblick über den funktionalen Aufbau des Systems zur Personalkapazitätsanpassung ist in Bild 11.2-2 dargestellt.

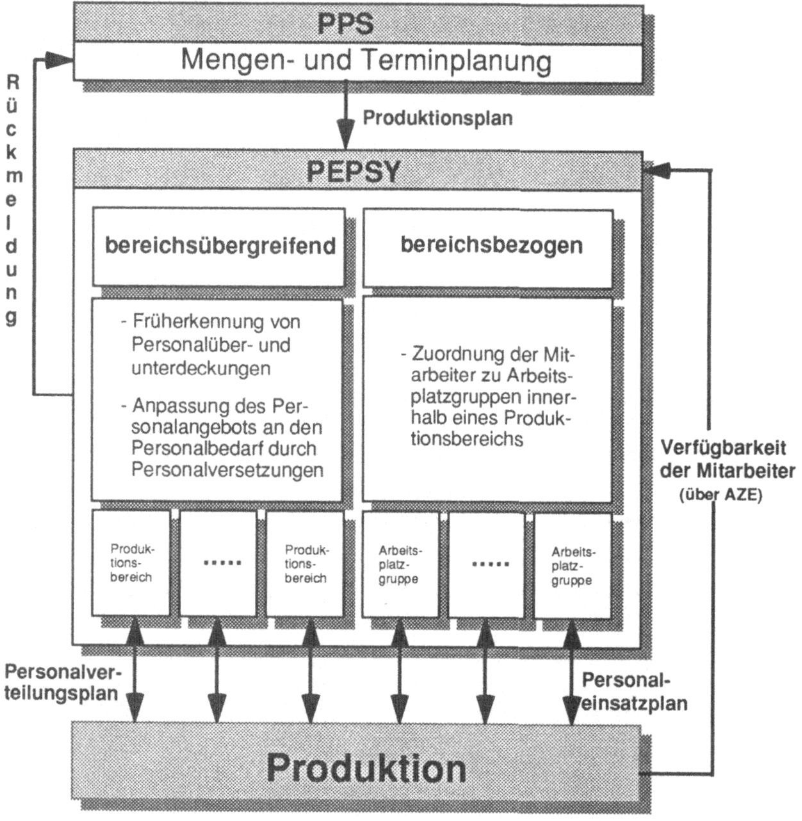


Bild 11.2-2: Funktionales Systemkonzept zur Personalkapazitätsanpassung

---

[124] "Fox Pro" ist ein Datenbanksystem der Firma "Microsoft". "Fox Pro" ist ein Datenbanksystem, das unter "Microsoft Windows" lauffähig ist.

Die Aufgabe der bereichsübergreifenden Komponente ist es, Personalunterdeckungen und -überhänge schon im Vorfeld zu ermitteln und - soweit möglich - zu beseitigen. Dazu werden vom PPS-System die Ergebnisse der Mengen- und Terminplanung übernommen und daraus der Personalbedarf pro Planperiode ermittelt. Anschließend erfolgt die Anpassung des Personalangebots auf die aktuelle Bedarfssituation durch zeitlich befristete Personalversetzungen sowie die Planung des Springereinsatzes. Ergebnis der bereichsübergreifenden Personalkapazitätsanpassung ist ein Personalverteilungplan (Bild 11.2-3), der eine summarische Anpassung des Personalangebots an die aktuelle Bedarfssituation sicherstellt.

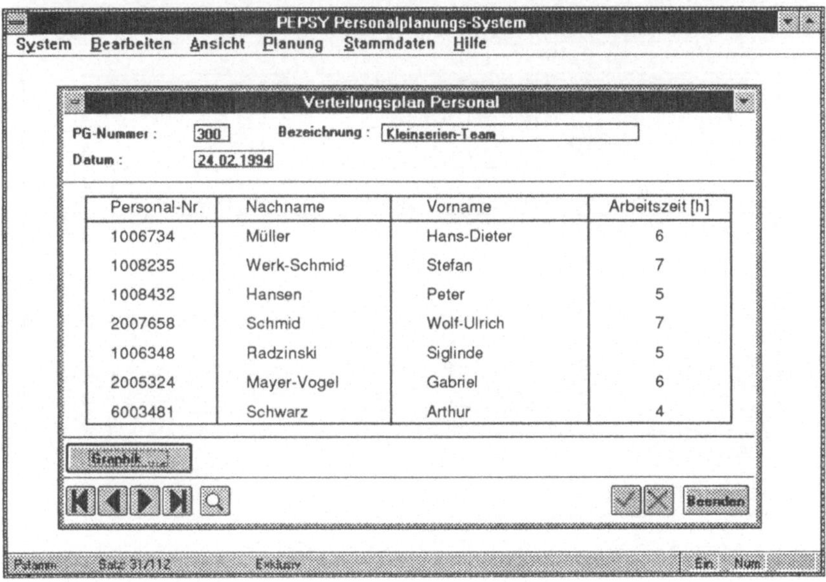


| Personal-Nr. | Nachname | Vorname | Arbeitszeit [h] |
| --- | --- | --- | --- |
| 1006734 | Müller | Hans-Dieter | 6 |
| 1008235 | Werk-Schmid | Stefan | 7 |
| 1008432 | Hansen | Peter | 5 |
| 2007658 | Schmid | Wolf-Ulrich | 7 |
| 1006348 | Radzinski | Siglinde | 5 |
| 2005324 | Mayer-Vogel | Gabriel | 6 |
| 6003481 | Schwarz | Arthur | 4 |



Bild 11.2-3: Bildschirmmaske des Personalverteilungsplans

Wie in Bild 11.2-3 dargestellt, legt der Personalverteilungsplan tagesgenau fest welcher Mitarbeiter in welcher Personalgruppe eingesetzt wird. In der Regel wird der Personalverteilungsplan wöchentlich für einen Planungshorizont von 4 Wochen erstellt. Wird der Planungsalgorithmus aufgerufen, hat der Personaldisponent jedoch die Möglichkeit den Planungshorizont frei zu wählen.

Aufgabe der bereichsbezogenen Personalkapazitätsanpassung ist es, den Personaleinsatz innerhalb einer Personalgruppe gemäß dem in Kapitel 6.5.4 entwickelten Zielsystem arbeitsplatzgruppengenau festzulegen. Die bereichsbezogene Personalkapazitätsanpassung wird tagesgenau für eine Kalenderwoche durchgeführt. Als Ergebnis der bereichsübergreifenden Kapazitätsanpassung erhält man einen Personaleinsatzplan, der die Besetzung einer Arbeitsplatzgruppe tagesgenau für eine Woche beschreibt. Die Verteilung der Arbeitzeiten der einzelnen Mitarbeiter über den Tag wird im vorliegenden Anwendungsfall nicht über ein starres Schichtmodell geregelt, sondern von den Mitarbeitern der Arbeitsplatzgruppe selbst festgelegt.

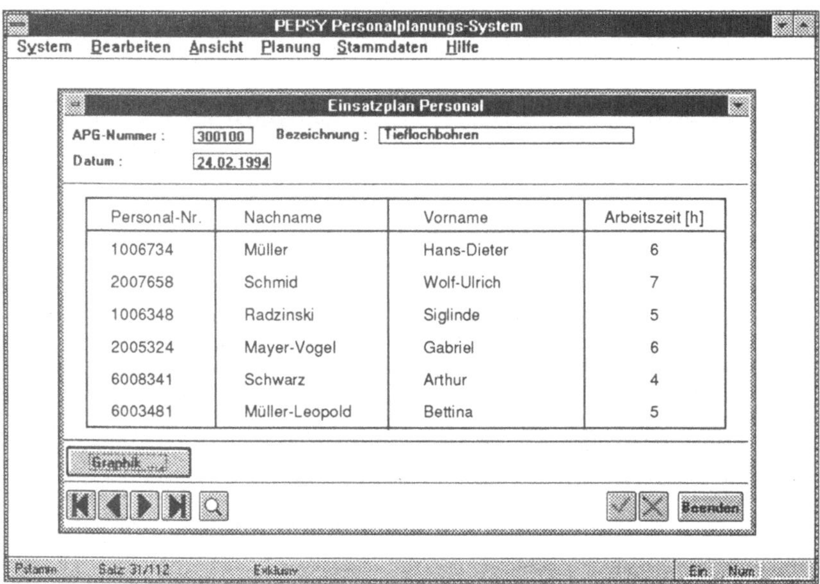


| Personal-Nr. | Nachname | Vorname | Arbeitszeit [h] |
|---|---|---|---|
| 1006734 | Müller | Hans-Dieter | 6 |
| 2007658 | Schmid | Wolf-Ulrich | 7 |
| 1006348 | Radzinski | Siglinde | 5 |
| 2005324 | Mayer-Vogel | Gabriel | 6 |
| 6008341 | Schwarz | Arthur | 4 |
| 6003481 | Müller-Leopold | Bettina | 5 |



Bild 11.2-4: Bildschirmmaske des Personaleinsatzplans

Neben den dargestellten Planungsalgorithmen verfügt "PEPSY" über eine interaktive Benutzerschnittstelle, die den Personaldisponenten in die Lage versetzt den Personalverteilungs- und den Personaleinsatzplan zu modifizieren und zu verifizieren.

# IPA Forschung und Praxis

Schriftenreihe aus dem Institut für Produktionstechnik und Automatisierung, Stuttgart

Herausgeber: Prof. Dr.-Ing. H. J. Warnecke

---

**Datenerfassung im Produktionsbereich**
Von E Bendeich  ISBN 3-7830-0117-8
1977, 176 Seiten, kartoniert    54,— DM

**Methodenauswahl für die Materialbewirtschaftung in Maschinenbau-Betrieben**
Von H Graf  ISBN 3-7830-0136-6
1977, 144 Seiten, kartoniert    54,— DM

**Systematische Auswahl von Förderhilfsmitteln für den innerbetrieblichen Materialfluß**
Von W Rau  ISBN 3-7830-0139-0
1977, 103 Seiten, kartoniert    40,— DM

**Grundlagen zur Planung von Ersatzteilfertigungen**
Von E Schulz  ISBN 3-7830-0138-2
1977, 98 Seiten, kartoniert    40,— DM

**Rechnerunterstützte Fabrikplanung**
Von B Minten  ISBN 3-7830-0116-1
1977, 124 Seiten, kartoniert    38,— DM

**Eine Planungsmethode für automatische Montagesysteme**
Von H-G Lohr  ISBN 3-7830-0120-X
1977, 108 Seiten, kartoniert    32,— DM

**Planung und Bewertung von Arbeitssystemen in der Montage**
Von H Metzger  ISBN 3-7830-0131-5
1977, 108 Seiten, kartoniert    40,— DM

**Klassifizierungssystem für Prüfmittel der industriellen Längenprüftechnik**
Von R Czetto  ISBN 3-7830-0144-7
1978, 181 Seiten, kartoniert    64,— DM

**Rechnerunterstützte Montageplanung**
Von O Hirschbach  ISBN 3-7830-0149-8
1978, 146 Seiten, kartoniert    52,— DM

**Rechnerunterstützte Entwicklung von Simulationsmodellen für Unternehmensplanspiele**
Von A Moker  ISBN 3-7830-0147-1
1978, 181 Seiten, kartoniert    64,— DM

**Arbeitsplatzanalysen zur Ermittlung der Einsatzmöglichkeiten und Anforderungen an Industrieroboter**
Von G Herrmann  ISBN 37830-0151-X
1978, 113 Seiten, kartoniert    40,— DM

**MFSP — Ein Verfahren zur Simulation komplexer Materialflußsysteme**
Von G Stemmer  ISBN 3-7830-0118-8
1977, 140 Seiten, kartoniert    60,— DM

**Berührungslose Erkennung durch Positionsbestimmung von Objekten durch inkohärent-optische Korrelation**
Von M Konig  ISBN 3-7830-0137-4
1977, 110 Seiten, kartoniert    40,— DM

**Auslegung von Storungspuffern in kapitalintensiven Fertigungslinien**
Von R v Stetten  ISBN 3-7830-0140-4
1977, 154 Seiten, kartoniert    56,— DM

**Flexible Transportablaufsteuerung**
Von G Romer  ISBN 3-7830-0114-5
1977, 188 Seiten, kartoniert    60,— DM

**Rechnergestützte Realplanung von Fabrikanlagen**
Von T-K Sauter  ISBN 3-7830-0119-6
1977, 108 Seiten, kartoniert    32,— DM

**Systematisches Auswählen und Konzipieren von programmierbaren Handhabungsgeräten**
Von R D Schraft  ISBN 3-7830-0115-3
1977, 108 Seiten, kartoniert    32,— DM

**Auslandsproduktion**
Von W Cypris  ISBN 3-7830-0145-5
1978, 126 Seiten  kartoniert    42,— DM

**Wirtschaftlicher Einsatz von Mehrkoordinatenmeßgeräten**
Von M Dietzsch  ISBN 3-7830-0148-X
1978, 142 Seiten  kartoniert    52,— DM

**Fertigungssteuerung bei flexiblen Arbeitsstrukturen**
Von K-G Lederer  ISBN 3-7830-0146-3
1978, 128 Seiten, kartoniert    42,— DM

**Untersuchungen zum Polieren und Entgraten durch elektrochemisches Oberflächenabtragen**
Von K Zerweck  ISBN 3-7830-0150-1
1978, 110 Seiten, kartoniert    40,— DM

# IPA Forschung und Praxis

Berichte aus dem Fraunhofer-Institut für Produktionstechnik und Automatisierung, Stuttgart, und dem Institut für Industrielle Fertigung und Fabrikbetrieb der Universität Stuttgart

Herausgeber  Prof  Dr -Ing  H  J  Warnecke

# IPA-IAO Forschung und Praxis

Berichte aus dem Fraunhofer-Institut für Produktionstechnik und Automatisierung (IPA), Stuttgart, Fraunhofer-Institut für Arbeitswirtschaft und Organisation (IAO), Stuttgart, und Institut für Industrielle Fertigung und Fabrikbetrieb der Universität Stuttgart

Herausgeber: Prof. Dr.-Ing. H. J. Warnecke und Prof. Dr.-Ing. H.-J. Bullinger

Die Bände sind im Erscheinungsjahr und in den folgenden drei Kalenderjahren zu beziehen durch den örtlichen Buchhandel oder durch Lange & Springer, Otto-Suhr-Allee 26-28, 10585 Berlin.